钩出蕾丝般美丽生活
（温馨可爱篇）

日本美创出版 编著

何凝一 译

目 录

河南科学技术出版社

·郑州·

花样蕾丝杯垫、饰边和织带

这种花样有一种幸福的气息。
将其制作成直径约10cm、20cm的蕾丝杯垫和花朵织带,
可以用于我们日常生活的各种场景中。

braid 织带E、F

织带两端拼接上丝带就可制成项链。
当作春天的礼物怎么样?

织带图片→P7
钩织方法→P8、P33

doily 直径约10cm的蕾丝杯垫A、D

形状可爱的蝴蝶形和心形蕾丝杯垫，
放到相框里面，便是漂亮的室内装饰品。

蕾丝杯垫图片→P6、7
钩织方法→P6、7

doily 直径约20cm的蕾丝杯垫H

飘逸的荷叶边营造出浪漫的氛围。
直径约20cm的蕾丝杯垫可以放在花盆下面。

蕾丝杯垫图片→P8
钩织方法→P32

braid 织带K、L

编织出2种颜色的织带，
绑在窗帘上，让窗边更加华丽。

织带图片→P9
钩织方法→P33

doily 直径约10cm的蕾丝杯垫B、C

直径约10cm的蕾丝杯垫很适合在餐桌上使用。
让你每次进餐都成为一种享受。

蕾丝杯垫图片→P6
钩织方法→P6、7

doily　直径约20cm的蕾丝杯垫G

尝试一些小小的改变，将直径约20cm的蕾丝杯
垫缝在纯色的手提包上吧。
立即变身为外出时可使用的样式。

蕾丝杯垫图片→P8
钩织方法→P32

edging　饰边J

带着花朵的饰边，
可以拼接到围巾一端。
动动手，简单的围巾也能变得漂亮迷人。

饰边图片→P9
钩织方法→P33

5

flower motif * doily

直径约10cm的蕾丝杯垫A、B、C

这种蕾丝杯垫犹如一朵朵盛开的花朵，
可以单独使用，也可以多块拼接。

A

B

C

钩织方法→A、B/P6 C/P7
使用线→棉线（无垢棉）

直径约10cm的蕾丝杯垫A

使用线和针→棉线（无垢棉）原色……4g
钩针2/0号
成品尺寸→参照图

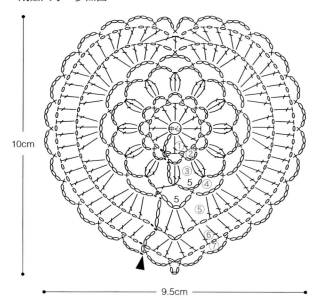

10cm

9.5cm

直径约10cm的蕾丝杯垫B

使用线和针→棉线（无垢棉）原色……3g
钩针2/0号
成品尺寸→直径10cm

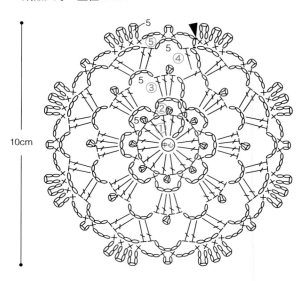

10cm

*flower motif * doily & braid*

直径约10cm的蕾丝杯垫、织带D、E、F

犹如飞舞在彩色花田中的蝴蝶，
有闲适的感觉。
由蕾丝杯垫和织带组合而成。

D

E

F

钩织方法→ D/P7 E/P8 F/P33
使用线→棉线

直径约10cm的蕾丝杯垫C

图片见P6
使用线/针→棉线（无垢棉）原色……4g
钩针2/0号
成品尺寸→直径约10cm

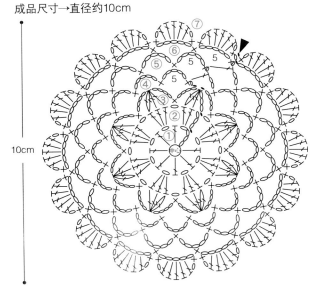

直径约10cm的蕾丝杯垫D

使用线和针→棉线 淡米色……3g 蕾丝针0号
成品尺寸→参照图

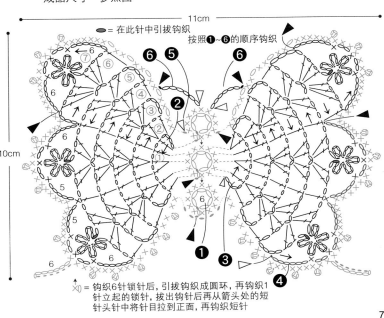

= 在此针中引拔钩织

按照❶~❻的顺序钩织

= 钩织6针锁针后，引拔钩织成圆环，再钩织1
针立起的锁针，拔出钩针后再从箭头处的短
针头针中将针目拉到正面，再钩织短针

flower motif *doily*

直径约20cm的蕾丝杯垫G、H

作品G为爱尔兰风格的花朵和叶子花样拼接到一起。
作品H的周围加入了荷叶边，更加生动。

钩织方法→P32
使用线→棉线

G

H

织带E

图片见P7
使用线和针→棉线 淡米色……4g、
黄色……3g、绿色……3g、紫色……2g
蕾丝针0号
成品尺寸→长32cm

——=淡米色　　□=黄色
——=绿色　　▨=紫色

= 钩织左侧记号标注的针目之
前，先将钩针从针目中取出，
然后从正面插入箭头顶端所指
的针目中，引拔后再钩织

❷

❶

❸

※第2圈的反面
当正面

在长针与长针的缝隙间钩织

❹

= 将第1圈的锁针成束
挑起后钩织

按照❶~❹的顺序拼接

2.5cm

重复拼接

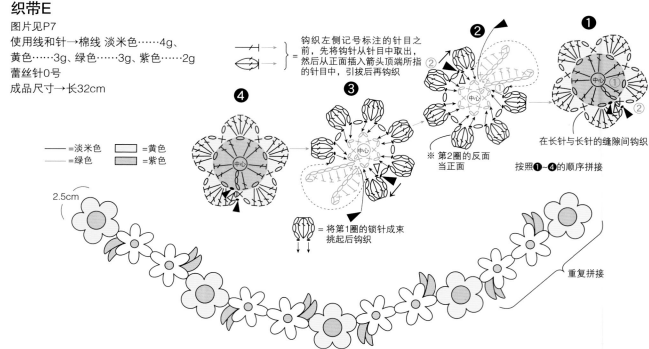

8

*flower motif * edging & braid*

饰边、织带I、J、K、L

单色线钩织出的花样十分华丽，
配色钩织的花样也同样漂亮。
组合喜欢的颜色钩织出专属于自己的花样吧。

钩织方法→I/P9 J、K、L/P33
使用线→棉线

织带I

使用线和针→棉线 原色……6g、黄色……3g、 茶色……3g
蕾丝针0号
成品尺寸→长30cm

A 第1~3圈 茶色

B 第1~3圈 黄色

（第4圈）╳=将第2圈内侧的
半针挑起，隔1针
后钩织短针

（第5圈）╳=将第3圈的短针成束挑起

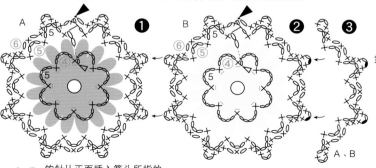

第3圈（短针的条纹针）
╳╳=将上一行外
侧的半针挑
起后，钩织
短针

※第4~6圈 原色

✐→ =钩针从正面插入箭头所指的
针目中，再引拔钩织

按照❶~❸的顺序拼接

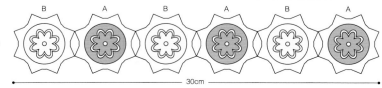

5cm

30cm

9

用再生纤维编织夏日手提包

+吊饰+饰花+织带

这是一款使用具有夏日凉爽感觉的材质——再生纤维编织而成的手提包以及配套的吊饰、饰花、花边。根据不同搭配替换各种配饰，享受变化带来的乐趣。

短针钩织的休闲包

+救生圈和锚吊饰

圆溜溜的编织小球吊饰

叶子吊饰

钩织方法→ 手提包/P34 吊饰/P11
使 用 线 → 救生圈、锚、圆溜溜的编织小球吊饰/再生纤维编织线
叶子吊饰/亚麻线

救生圈吊饰

图片见P10
使用线和针：
再生纤维 原色……3g、红色……1g
钩针5/0号
成品尺寸：
参照图

救生圈 2个 ── 原色 ▬▬ 红色

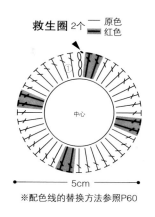

中心

5cm

※配色线的替换方法参照P60

拼接方法

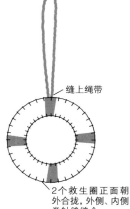

缝上绳带

2个救生圈正面朝
外合拢，外侧、内侧
卷针缝缝合

绳带 红色……1根
20cm
钩织锁针起针（40针）

锚吊饰

图片见P10
使用线和针：
再生纤维 藏蓝色……3g
钩针5/0号
成品尺寸：
参照图

锚 2个

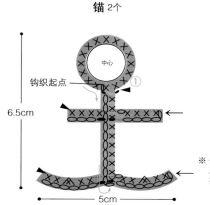

中心

钩织起点

6.5cm

5cm

※ 一开始先钩织 ⚲ 的部分，然
后将2个花样用引拔针拼
接，之后再继续编织

绳带 1根
20cm
钩织锁针起针（40针）

拼接方法

缝上绳子

2个锚正面朝外合拢，
周围卷针缝缝合

圆溜溜的编织小球吊饰

图片见P10
使用线和针：
再生纤维 藏蓝色、蓝色、紫色混
纺，蓝色混纺……各3g
钩针5/0号
其他
填充棉少许
成品尺寸：
参照图

编织小球 藏蓝色、蓝色、紫色混纺、蓝色混纺……各1个

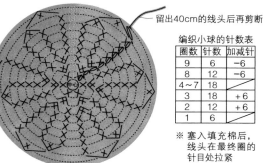

留出40cm的线头后再剪断

中心

编织小球的针数表

圈数	针数	加减针
9	6	−6
8	12	−6
4～7	18	
3	18	+6
2	12	+6
1	6	

※ 塞入填充棉后，
线头在最终圈的
针目处拉紧

拼接方法

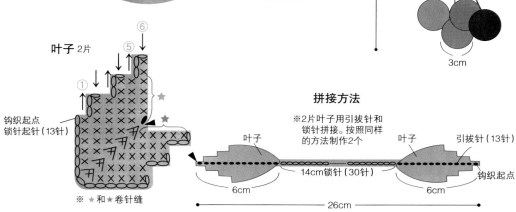

打结

线头捻合

打结

25cm

5cm

3cm

叶子吊饰

图片见P10
使用线和针：
亚麻线 绿色……10g
钩针5/0号
成品尺寸：
参照图

叶子 2片

① ⑤ ⑥

钩织起点
锁针起针（13针）

※ ★和★卷针缝

拼接方法

※2片叶子用引拔针和
锁针拼接。按照同样
的方法制作2个

叶子

叶子

引拔针（13针）

14cm锁针（30针）

6cm

6cm

钩织起点

26cm

竖长型花样手提包
十花蕾饰花

向日葵饰花

钩织方法→ 手提包/P42 饰花、织带/P13
使用线→ 手提包/再生纤维编织线
　　　　花蕾饰花/再生纤维编织线
　　　　向日葵饰花/亚麻线
　　　　花边织带/棉线 (无垢棉)

蕾丝织带

从手提包的花样孔中穿过后打蝴蝶结，
或者穿成梯子状，方法多样。

花蕾饰花

图片见P12

使用线和针:
再生纤维编织线 红色、绿色……各5g
钩针5/0号

其他:
饰花别针……1枚

成品尺寸:
参照图

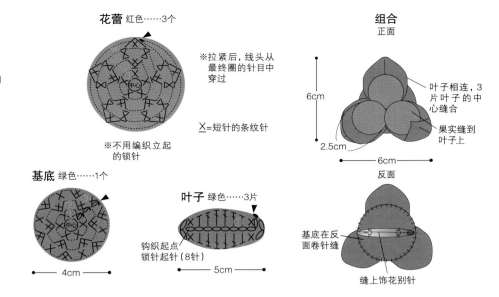

花蕾 红色……3个

※拉紧后,线头从
最终圈的针目中
穿过

X=短针的条纹针

※不用编织立起
的锁针

基底 绿色……1个

叶子 绿色……3片

钩织起点
锁针起针(8针)

4cm

5cm

组合
正面

6cm

2.5cm

6cm

叶子相连,3
片叶子的中
心缝合

果实缝到
叶子上

反面

基底在反
面卷针缝

缝上饰花别针

向日葵饰花

图片见P12

使用线和针:
亚麻线 茶色……3g、黄色……3g、
绿色……2g
钩针5/0号

其他:
饰花别针……1枚

成品尺寸:
参照图

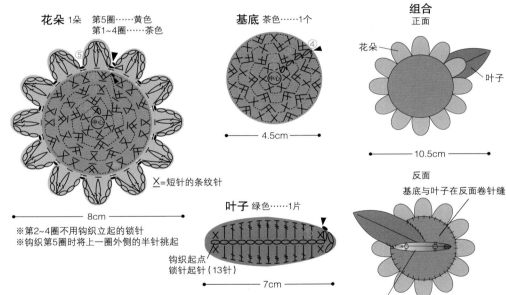

花朵 1朵 第5圈……黄色
第1~4圈……茶色

基底 茶色……1个

X=短针的条纹针

8cm

※第2~4圈不用钩织立起的锁针
※钩织第5圈时将上一圈外侧的半针挑起

4.5cm

叶子 绿色……1片

钩织起点
锁针起针(13针)

7cm

组合
正面

花朵

叶子

10.5cm

反面

基底与叶子在反面卷针缝

缝上饰花别针

蕾丝织带

图片见P12

使用线和针:
棉线(无垢棉)白色……5g
钩针5/0号

成品尺寸:
参照图

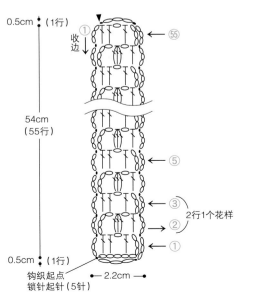

0.5cm (1行)

收边

55

54cm
(55行)

5

3

2行1个花样

2

1

0.5cm (1行)

钩织起点
锁针起针(5针)

2.2cm

shawl & stole & gilet
纤细、华丽的编织物

大受欢迎的菠萝花样披肩是
每个女性不可或缺的配饰。
下面介绍一些用独特风格的菠萝花样
编织而成的饰物。

shawl

蓝色披肩

这款边缘搭配菠萝花样、颜色轻柔
的披肩，形如新月，披在身上时与
肩部线条自然吻合。

钩织方法→P38
使用线→棉线

stole

象牙白的长巾（A）

整体均为小菠萝花样的简单长巾。
两侧加入枣形针编织的织带，非常时尚。

钩织方法→P46
使用线→棉线

紫色的迷你长巾（B）

与象牙白的长巾织法一样，变换一种
毛线后宽度稍微小一些。棉麻混纺线
呈现出不一样的质感，舒适漂亮，是
春天不可或缺的一款长巾。

钩织方法→P46
使用线→棉麻混纺

shawl

迷你三角披肩

将菠萝花样钩织成扇贝形,是十分可爱的设计。小披肩上搭配一个装饰物更方便。

钩织方法→P40
使用线→手工蕾丝线20号(每卷10g)

gilet

正面系带的坎肩

菠萝花样拼接出的锯齿形饰边是坎肩的亮点。既适合搭配裤子也适合搭配裙子，漂亮舒适。

钩织方法→P35
使用线→棉麻混纺

A

gilet

圆形花样的坎肩A、B

这是一款背面展开后呈放射状的
漂亮坎肩。花样为规则的圆形，袖
口位置开口，编织方法简单。A加
入了袖，B则没有袖。

钩织方法→P43
使用线→棉麻混纺

B

embroidery thread

松本薰老师用刺绣线钩织的花样

松本薰

编织物、手工杂货设计师。毕业于日本女子美术大学产业设计系、VOGUE学园手工指导课程培训班。钩织的花朵和杂货非常受欢迎,作品发表于各种书籍、杂志中。

蔷薇

颜色从中心向外侧深浅渐变,使花朵显得格外逼真。

钩织方法→参照下图

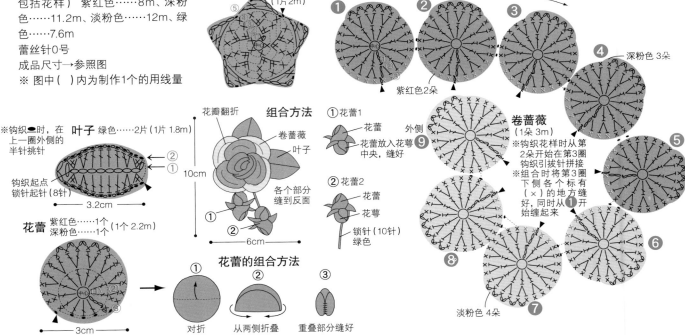

使用线和针→25号刺绣线(线量包括花样)紫红色……8m、深粉色……11.2m、淡粉色……12m、绿色……7.6m

蕾丝针0号

成品尺寸→参照图

※ 图中( )内为制作1个的用线量

花萼 绿色……2片 (1片2m)

内侧

①②③ 紫红色2朵

④ 深粉色3朵

⑤ 淡粉色4朵

外侧

⑨

卷蔷薇 (1朵 3m)

※钩织花样时从第2朵开始在第3圈钩织引拔针拼接组合时将第3圈下侧各个标有(×)的地方缝好,同时从①开始缠起来

⑥⑦⑧

※钩织●时,在上一圈外侧的半针挑针

叶子 绿色……2片 (1片 1.8m)

钩织起点锁针起针(8针)

3.2cm

花蕾 紫红色……1个 (1个2.2m) 深粉色……1个

3cm

花瓣翻折

组合方法

卷蔷薇

叶子

①花蕾1

花蕾

②花蕾2

花蕾

花萼

花蕾放入花萼中央,缝好

锁针(10针) 绿色

各个部分缝到反面

10cm

6cm

①②

花蕾的组合方法

① 对折

② 从两侧折叠

③ 重叠部分缝好

用刺绣线织成的编织物

用6股线捻合而成的25号刺绣线很适合钩织，与编织线的效果无异。
1束线长约8m，足够用于钩织小花样了。颜色也十分丰富，一定要尝试一下配色带来的无穷乐趣。

铃兰

白色的铃兰小花楚楚动人。
钩织茎时将铁丝织进去，会更加漂亮。
钩织方法→参照下图

使用线和针→25号刺绣线（包括花样的线量）奶白色……6m、黄绿色……3.5m、绿色……4.6m
蕾丝针0号
其他→ 花用铁丝（30#）……适量
成品尺寸→参照图
※ 图中（ ）内为制作1个的用线量

茎 黄绿色……a、b各1根
（a1根1.5m、b1根1.2m）

←①

←a……8.5cm（30针）b……7cm（24针）→
※钩织短针时，将铁丝钩织进去

①花1　②花2

1.5cm

茎a　锁针（3针）黄绿色

茎b　锁针（3针）黄绿色

※钩织3针锁针后，将花与茎缝合

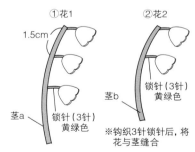

花 奶白色……5朵
（1朵 1.2m）

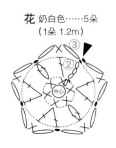

叶子 绿色……1片（1片 4.6m）

钩织起点
锁针起针（20针）

8cm

组合方法

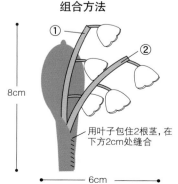

①

②

8cm

用叶子包住2根茎，在下方2cm处缝合

6cm

embroidery thread

草莓

女孩们最喜欢的红色草莓。
多钩织一些更显可爱。
钩织方法→参照下图

使用线和针→25号刺绣线（包括花样的线量）绿色……7.4m、深粉色……4.8m、白色……1.4m、茶色……1m、黄色……0.6m
蕾丝针0号
其他→填充棉少许
成品尺寸→参照图
※ 图中（ ）内为制作1个的用线量

果实
深粉色……3个（1个2.4cm）

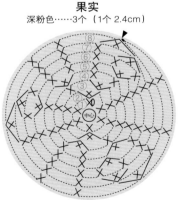

果实针数表

圈数	针数	加减针数
8	9	−3
7	12	−3
6	15	
5	15	+3
4	12	+2
3	10	+2
2	8	+2
1	6	

※ 第2圈以后不用钩织立起的锁针，直接钩织成圆环
※ 中间塞入填充棉后，线头从最终圈的针目中穿过

花朵 2朵
第2圈……白色
第1圈……黄色
（1朵 黄色30cm、白色70cm）

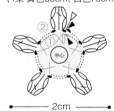

2cm

茎 绿色……2根

锁针起针（7针）

组合方法

法式结粒绣

2入
1出
缠2圈

3片叶子缝好，茎缝到中心

6.5cm

花缝到叶子上

5cm

茎缝到蒂的中心

2.5cm

果实放入蒂中，缝好

果实表面用茶色线在8个位置绣出法式结粒绣针迹（缠1圈）

叶子 绿色……3片
（1片2m）

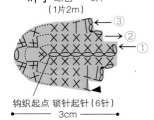

③
②
①

钩织起点 锁针起针（6针）

3cm

蒂 绿色……2片
（茎和蒂1组用70cm）

1.5cm

勿忘我

右侧稍大的花样为紫阳花的花朵和叶子。
按照勿忘我的方法拼接，组合成紫阳花。
钩织方法→参照下图

使用线和针→25号刺绣线（包括花样的线量）绿色……5m、原色……3.5m、紫色……2.4m、淡紫色……1.8m、黄色……0.5m（紫阳花1朵用量）、蓝紫色……1.8m、绿色……4.2m
蕾丝针0号
成品尺寸→参照图
※ 图中（ ）内为制作1个的用线量

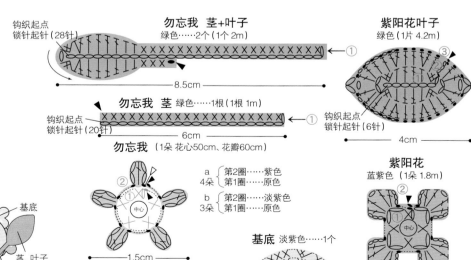

钩织起点
锁针起针（28针）

勿忘我 茎+叶子
绿色……2个（1个 2m）

①

8.5cm

紫阳花叶子
绿色（1片 4.2m）

③

钩织起点
锁针起针（6针）

4cm

钩织起点
锁针起针（20针）

勿忘我 茎 绿色……1根（1根 1m）

①

6cm

勿忘我（1朵 花心50cm、花瓣60cm）

②

①
中心

a 4朵	第2圈	紫色
	第1圈	原色
b 3朵	第2圈	淡紫色
	第1圈	原色

1.5cm

紫阳花
蓝紫色（1朵 1.8m）

②

①
中心

2cm

基底 淡紫色……1个

中心

勿忘我的组合方法

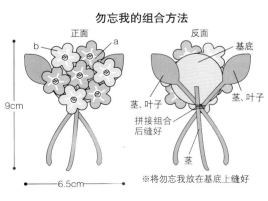

正面

b ——— a

9cm

6.5cm

反面

基底

茎、叶子

茎、叶子

拼接组合后缝好

茎

※将勿忘我放在基底上缝好

勿忘我

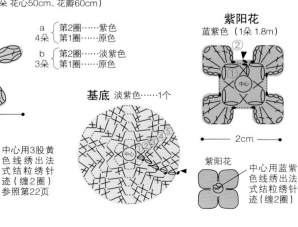

用原色线绣出直针绣针迹
参照P26

中心用3股黄色线绣出法式结粒绣针迹（缠2圈）
参照第22页

紫阳花

中心用蓝紫色线绣出法式结粒绣针迹（缠2圈）

23

田中优子老师的
变装小熊玩偶

圆溜溜的眼睛，天真无邪的表情，
想不想把这样可爱的小熊玩偶加在衣服上呢？
可以分别制作出属于女孩和男孩的样式。
也可以试着变换颜色钩织。

田中优子

担任插画师时接触到玩偶，从此
便开始自学并进行创作。除了在
手工杂志上发表作品以外，也在
杂货店出售作品。

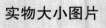

实物大小图片

钩织方法→P25、26
使用线→棉线

小挎包

吊带背心

裙子

帽子

背带裤

鞋子

女孩款式
吊带背心+裙子+小挎包，
搭配时要从脚底开始往上
穿哦！

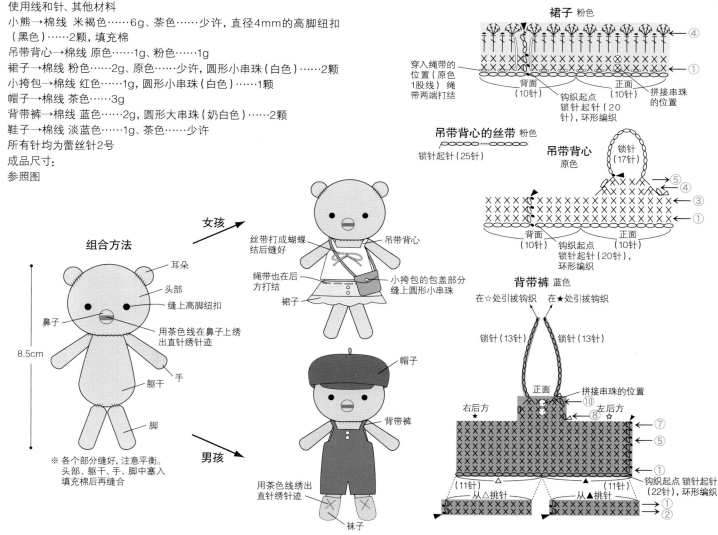

使用线和针、其他材料

小熊→棉线 米褐色……6g、茶色……少许，直径4mm的高脚纽扣
（黑色）……2颗，填充棉

吊带背心→棉线 原色……1g、粉色……1g

裙子→棉线 粉色……2g、原色……少许，圆形小串珠（白色）……2颗

小挎包→棉线 红色……1g，圆形小串珠（白色）……1颗

帽子→棉线 茶色……3g

背带裤→棉线 蓝色……2g，圆形大串珠（奶白色）……2颗

鞋子→棉线 淡蓝色……1g、茶色……少许

所有针均为蕾丝针2号

成品尺寸：

参照图

组合方法

女孩 →

男孩 →

8.5cm

耳朵
头部
缝上高脚纽扣
鼻子
用茶色线在鼻子上绣
出直针绣针迹
手
躯干
脚

※ 各个部分缝好，注意平衡。
头部、躯干、手、脚中塞入
填充棉后再缝合

丝带打成蝴蝶
结后缝好
绳带也在后
方打结
裙子

吊带背心
小挎包的包盖部分
缝上圆形小串珠

帽子
背带裤

用茶色线绣出
直针绣针迹
袜子

裙子 粉色

穿入绳带的
位置（原色
1股线）绳
带两端打结
背面
（10针）
正面
（10针）
钩织起点
锁针起点（20
针），环形编织
拼接串珠
的位置

吊带背心的丝带 粉色
锁针起针（25针）

吊带背心
原色
锁针
（17针）
背面
（10针）
正面
（10针）
钩织起点
锁针起针（20针），
环形编织

背带裤 蓝色
在☆处引拔钩织
在★处引拔钩织
锁针（13针）
锁针（13针）
正面
拼接串珠的位置
右后方
左后方
钩织起点 锁针起针
（22针），环形编织
（11针）
（11针）
从△挑针
从▲挑针

25

男孩款式

帽子+鞋子+宽松的背带裤，是一款具有异国风情的玩偶。

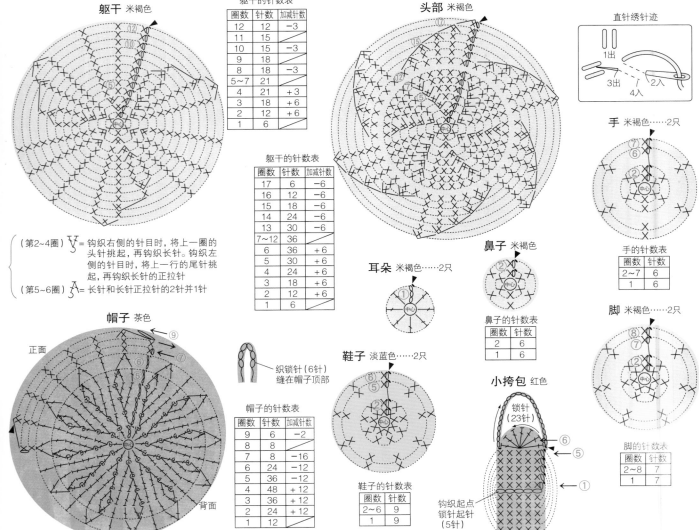

躯干 米褐色

躯干的针数表

圈数	针数	加减针数
12	12	−3
11	15	
10	15	−3
9	18	
8	18	−3
5~7	21	
4	21	+3
3	18	+6
2	12	+6
1	6	

头部 米褐色

直针绣针迹

1出 2入 3出 4入

躯干的针数表

圈数	针数	加减针数
17	6	−6
16	12	−6
15	18	−6
14	24	−6
13	30	−6
7~12	36	
6	36	+6
5	30	+6
4	24	+6
3	18	+6
2	12	+6
1	6	

手 米褐色……2只

手的针数表

圈数	针数
2~7	6
1	6

（第2~4圈）V = 钩织右侧的针目时，将上一圈的头针挑起，再钩织长针。钩织左侧的针目时，将上一行的尾针挑起，再钩织长针的正拉针。

（第5~6圈）A = 长针和长针正拉针的2针并1针

帽子 茶色

正面

背面

耳朵 米褐色……2只

①中心

鼻子 米褐色

鼻子的针数表

圈数	针数
2	6
1	6

鞋子 淡蓝色……2只

织锁针（6针）缝在帽子顶部

鞋子的针数表

圈数	针数
2~6	9
1	9

帽子的针数表

圈数	针数	加减针数
9	6	−2
8	8	
7	8	−16
6	24	−12
5	36	−12
4	48	+12
3	36	+12
2	24	+12
1	12	

脚 米褐色……2只

脚的针数表

圈数	针数
2~8	7
1	7

小挎包 红色

锁针（23针）

钩织起点 锁针起针（5针）

冈真理子老师的闪亮串珠钩织

冈真理子

大学毕业后在就职的公司渐渐领悟到编织物的魅力。退休后,进入编织学校学习编织技巧,之后完成了从编织者到设计师的转变。许多作品刊登在书籍、杂志中。

在编织物中加入串珠便是串珠钩织。下面我们介绍两种在同一花样中织入串珠和亮片的方法。虽然是同一花样,但风格完全不同。
串珠与亮片,你喜欢哪一种呢?

串珠钩织初学者请参见P29详细说明。

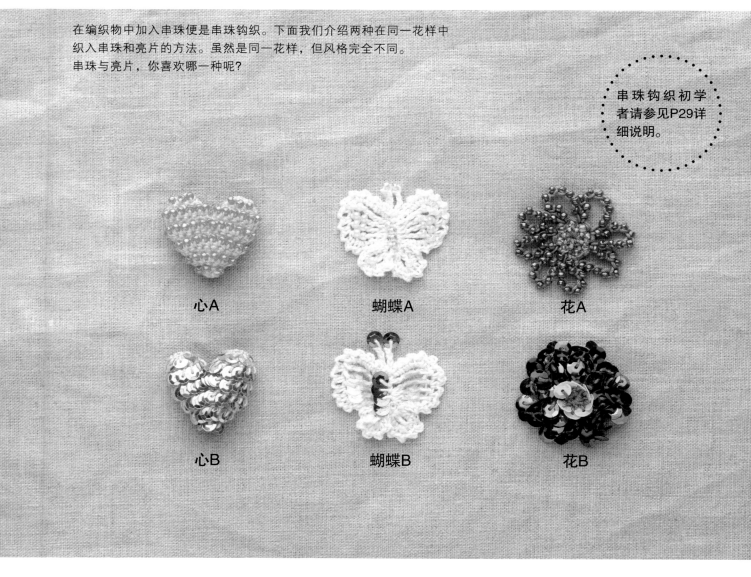

心A　　　　蝴蝶A　　　　花A

心B　　　　蝴蝶B　　　　花B

简单的花样加上别针、皮筋、绳带等,就可以制作成可爱的饰物。

petit motif

钩织方法→P30
使用线→ 心、花/蕾丝线
　　　　蝴蝶/棉线

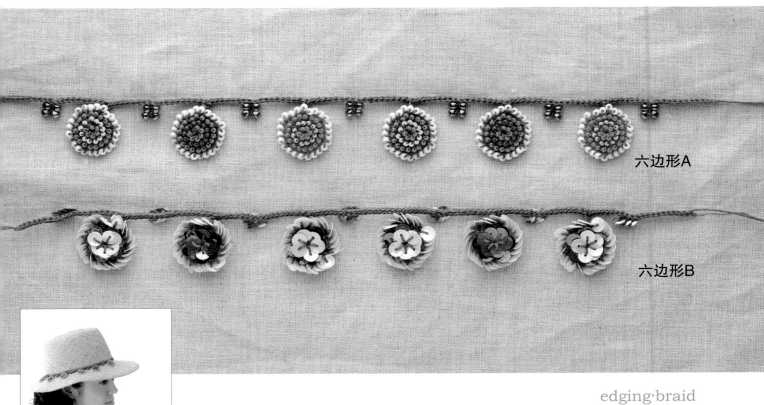

六边形A

六边形B

缠上织带，制作出极具
东方感的时尚帽子。

edging·braid

钩织方法→P31
使用线→棉线

海星A

海星B

海星花样拼接到饰物
上，为桌子增添几分
生气。

edging·braid

钩织方法→P31
使用线→蕾丝线

basic lesson
串珠钩织的基础

● 穿入六边形的串珠

从凹面穿入

从凸面穿入

穿入串珠的方法　※亮片也按同样方法穿入

<穿入蔷薇串珠时>

● 直接穿入线

串珠孔刚好可以穿过线时，先在线头4~5cm处涂上黏合剂，固定后再穿引。线头斜着裁剪后更容易穿过。穿引时将串珠放到带有黏性的垫子上，便不用担心串珠滚动丢失。

● 使用穿珠针

串珠使用的穿珠针与串珠的大小、线的粗细没有关系，均可使用。

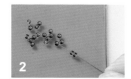

将线穿过串珠，挑起。

<穿入带串珠的线时>

可以用黏合剂将串珠的线与编织线粘在一起，再将串珠移动到编织线上。

六边形的亮片分为凹面和凸面，穿入时要保持朝向一致。另外，钩织时亮片朝向不同表现出的光泽和整体感觉也不一样。参考图片，选择适合作品的朝向。

织入串珠的方法　※ 亮片也按同样的方法穿入

● 在锁针中织入1颗串珠

将串珠靠近钩织针目，再锁针起针。

1针锁针对应1颗串珠的状态。

串珠出现在锁针的反面。

● 在短针中织入1颗串珠

将钩针插入上一行的针目中，针上挂线后引拔抽出，串珠靠近钩织针目。再次在针上挂线，引拔钩织。

1针短针对应1颗串珠的状态。

串珠出现在短针的反面。

● 在短针中织入1颗串珠的应用

如果织入的2针短针左右两侧都有串珠的记号，要在这两针中各织入1颗串珠。单侧有串珠印记时，在有印记的1针中织入1颗串珠。

● 在长针中织入1颗串珠

针上挂线，接着将钩针插入上一行的针目中，再次挂线后引拔抽出。之后再次挂线，按照箭头所示引拔抽出。

串珠靠近钩针针目，然后再次在针上挂线，引拔钩织。在1针长针中钩织1颗串珠后的状态（右侧图片）。

串珠出现在长针的反面。

● 在3卷长针中织入2颗串珠

线在针上绕3次，然后将钩针插入上一行的针目中，挂线后引拔抽出。再次在针上挂线，按照箭头所示引拔抽出。

串珠靠近钩织针目后，再次在针上挂线，接着引拔钩织。之后再重复一次。在1针3卷长针中织入2颗串珠的状态（右侧图片）。

串珠出现在3卷长针的反面。

心A、B

图片见P27

使用线和针：

A、B 蕾丝线 粉色……各2g

蕾丝针0号

其他：

A 圆形大串珠 红色……96颗

B 六边形亮片（5mm）

粉色……96片

填充棉少许

成品尺寸：参照图

钩织方法：

开始钩织之前先在线中穿入必要数目的串珠（亮片）。再参照图，同时织入串珠（亮片）。

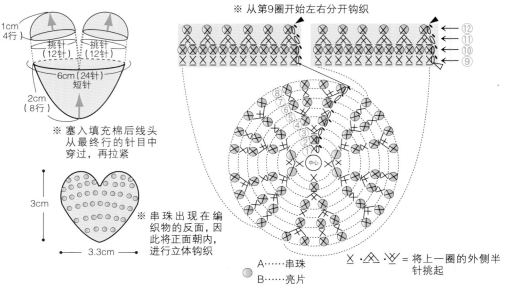

※ 从第9圈开始左右分开钩织

1cm（4行）

挑针（12针） 挑针（12针）

6cm（24针）短针

2cm（8行）

※ 塞入填充棉后线头从最终行的针目中穿过，再拉紧

3cm

3.3cm

※ 串珠出现在编织物的反面，因此将正面朝内，进行立体钩织

A……串珠
B……亮片

✕・⋀・⋎ = 将上一圈的外侧半针挑起

蝴蝶A、B

图片见P27

使用线和针：

A、B 棉线 原色……各1g

蕾丝针2号

其他：

A 圆形大串珠 蓝色……18颗、透明淡蓝色……6颗

B 六边形亮片（6mm）透明淡蓝色……18片、淡蓝色……6片

成品尺寸：参照图

钩织方法：

开始钩织之前先在线中穿入必要数目的串珠（亮片）。参照图，同时织入串珠（亮片）。

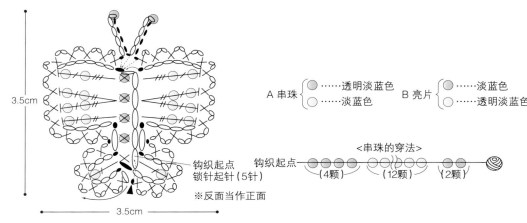

3.5cm

3.5cm

钩织起点
锁针起针（5针）

※反面当作正面

A 串珠 ……透明淡蓝色 ……淡蓝色

B 亮片 ……淡蓝色 ……透明淡蓝色

<串珠的穿法>

钩织起点 （4颗）（12颗）（2颗）

花A、B

图片见P27

使用线和针：

A、B 蕾丝线 紫色……各1g

蕾丝针0号

其他：

A 圆形大串珠 闪色……72颗、黄绿色……8颗，圆形小串珠 橘色……8颗

B 六边形亮片（6mm）闪色……64片、黄色……8片

成品尺寸：参照图

钩织方法：

开始钩织之前先在线中穿入必要数目的串珠（亮片）。参照图，同时织入串珠（亮片）。

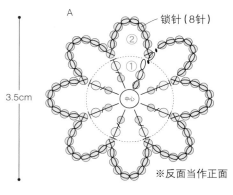

A

锁针（8针）

3.5cm

中心

※反面当作正面

A 串珠 ……橘色 ……黄绿色 ……闪色

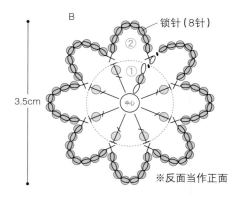

B

锁针（8针）

3.5cm

中心

※反面当作正面

B 亮片 ……黄色 ……闪色

橘色 黄绿色 <串珠的穿法>

钩织起点 （16颗） 闪色（72颗）

<亮片的穿法>

钩织起点 黄色（8片） 闪色（72颗）

30

海星A、B

图片见P28

使用线和针：

A、B 蕾丝线 绿色……各1g、橘色、芥末黄……各2g

蕾丝针0号

其他：

A 圆形大串珠 红色……90颗、透明绿色……90颗、绿色……48颗

B 六边形亮片（6mm）粉色……75片、黄绿色……75片、绿色……48片

成品尺寸：参照图

钩织方法：

参照图，同时织入串珠（亮片）。先钩织出必要块数的花样，然后一边钩织绳带部分，一边拼接花样。

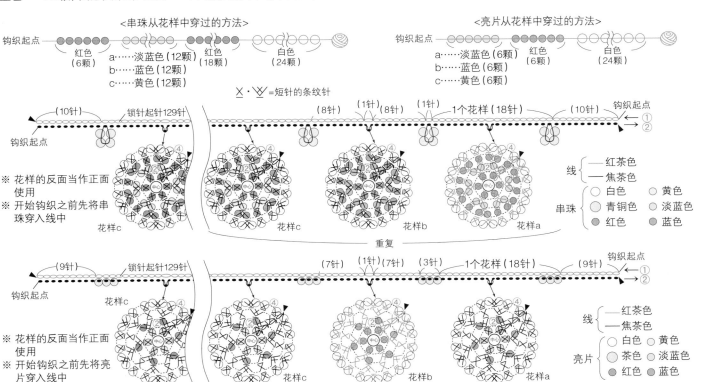

六边形A、B

图片见P28

使用线和针：

A、B 棉线 红茶色、焦茶色……各2g

蕾丝针2号

其他：

A 圆形小串珠 红色……144颗、黄色……24颗、淡蓝色……24颗、蓝色……24颗，圆形大串珠 白色……144颗，特大串珠（4mm）

青铜色……28颗

B 六边形亮片（6mm）白色……144片、红色……36片、茶色……21片、黄色……12片、淡蓝色……12片、蓝色……12片

成品尺寸：参照图

钩织方法：

参照图，同时织入串珠（亮片）。先钩织出必要块数的花样，然后一边钩织绳带部分，一边拼接花样。

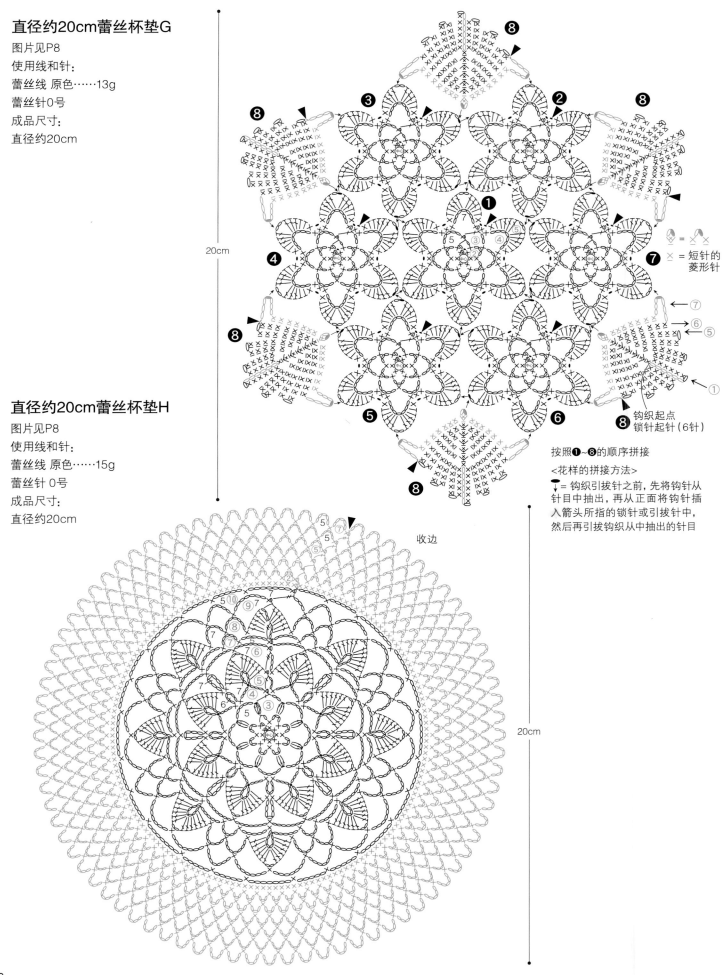

直径约20cm蕾丝杯垫G

图片见P8

使用线和针：

蕾丝线 原色……13g

蕾丝针0号

成品尺寸：

直径约20cm

直径约20cm蕾丝杯垫H

图片见P8

使用线和针：

蕾丝线 原色……15g

蕾丝针 0号

成品尺寸：

直径约20cm

20cm

20cm

= 短针的菱形针

钩织起点
锁针起针（6针）

按照❶~❽的顺序拼接

<花样的拼接方法>

↓ = 钩织引拔针之前，先将钩针从针目中抽出，再从正面将钩针插入箭头所指的锁针或引拔针中，然后再引拔钩织从中抽出的针目

收边

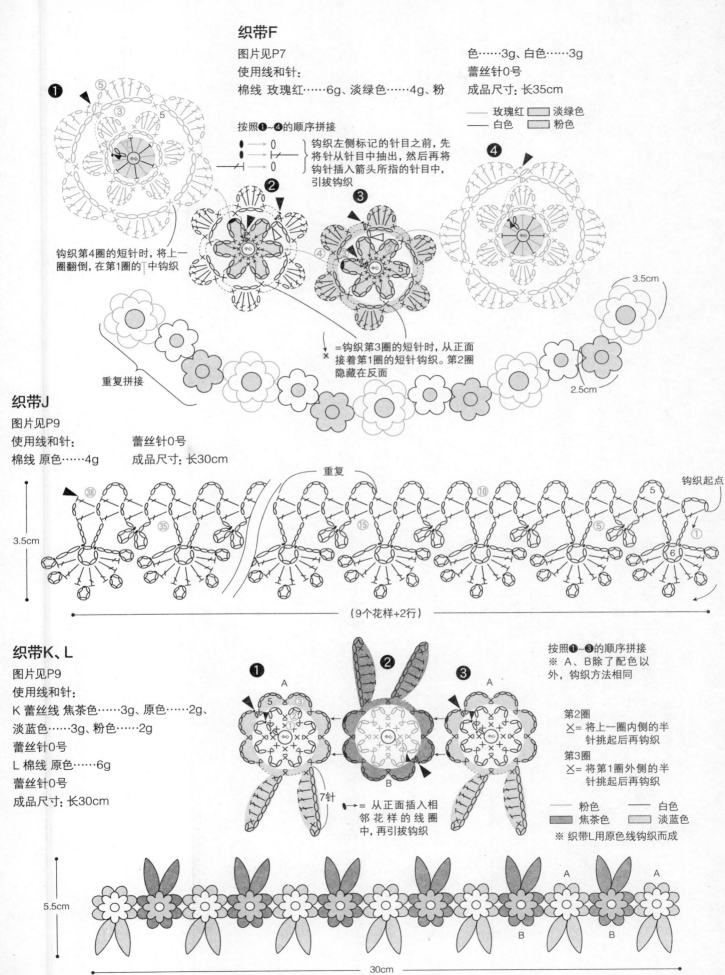

织带F

图片见P7

使用线和针：

棉线 玫瑰红……6g、淡绿色……4g、粉

色……3g、白色……3g

蕾丝针0号

成品尺寸：长35cm

—— 玫瑰红　▨ 淡绿色

—— 白色　　▨ 粉色

按照❶~❹的顺序拼接

钩织左侧标记的针目之前，先

将针从针目中抽出，然后再将

钩针插入箭头所指的针目中，

引拔钩织

❶

钩织第4圈的短针时，将上一

圈翻倒，在第1圈的▽中钩织

↓

× =钩织第3圈的短针时，从正面

接着第1圈的短针钩织。第2圈

隐藏在反面

3.5cm

重复拼接

2.5cm

织带J

图片见P9

使用线和针：　蕾丝针0号

棉线 原色……4g　成品尺寸：长30cm

3.5cm

重复

钩织起点

（9个花样+2行）

织带K、L

图片见P9

使用线和针：

K 蕾丝线 焦茶色……3g、原色……2g、

淡蓝色……3g、粉色……2g

蕾丝针0号

L 棉线 原色……6g

蕾丝针0号

成品尺寸：长30cm

按照❶~❸的顺序拼接

※ A、B除了配色以

外，钩织方法相同

第2圈

× = 将上一圈内侧的半

针挑起后再钩织

第3圈

× = 将第1圈外侧的半

针挑起后再钩织

7针

● = 从正面插入相

邻花样的线圈

中，再引拔钩织

—— 粉色　　　—— 白色

▨ 焦茶色　　▨ 淡蓝色

※ 织带L用原色线钩织而成

5.5cm

30cm

33

短针钩织的休闲包

图片见P10

使用线和针:
再生纤维编织线 米褐色……125g
钩针5/0号

密度:
用短针钩织边长10cm的正方形,每行22针,共22行

成品尺寸: 参照图

钩织方法:
钩织手提包时从底面开始钩织。起36针锁针,再用短针钩织22行。接着底部在周围挑针,然后用短针在侧面钩织34行。最终行钩织1行反短针。提手部分起58针,再绕圈钩织4行短针。对折后,正面朝外合拢,钩织引拔针缝合。最后将提手缝到手提包的外侧面。

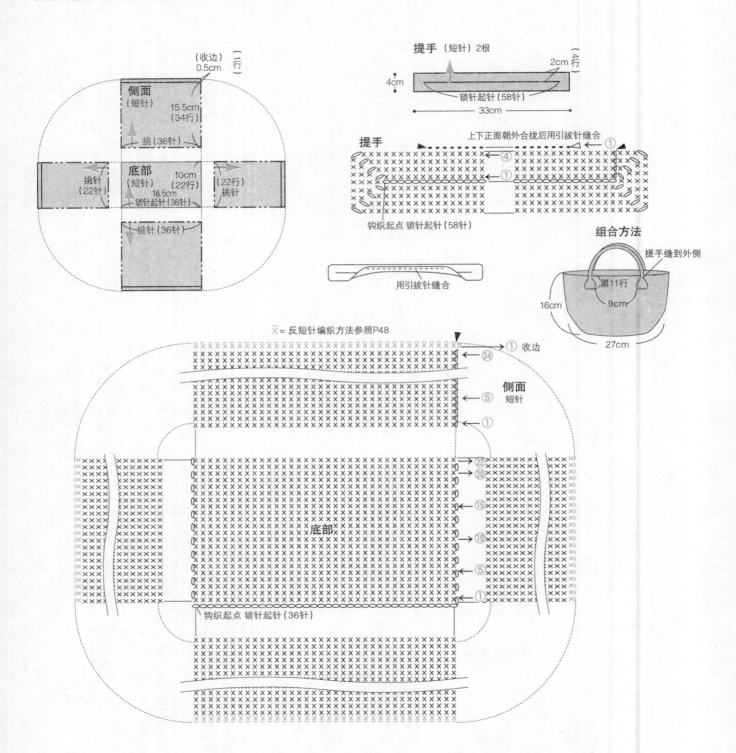

34

正面系带的坎肩

图片见P18

使用线和针:

棉麻混纺 茶色……160g

钩针3/0号

密度:

用花样钩织的方法钩织边长10cm的正方形,每行26针,共10.5行

成品尺寸:

胸围87cm,背肩宽36cm,衣长45cm

钩织方法:

1. 钩织前后身。锁针起针后,用花样钩织的方法无加减针钩

织至第20行。钩织袖口、前领口时按照图示方法减针,如此钩织至肩部。

2. 订缝肩部,缝合两侧。卷针订缝肩部,两侧用2针锁针和短针接缝。

3. 下摆处钩织收边A。在右前身片处接线,接着前后身片钩织至第5行,从第6开始,花样逐一分开钩织。

4. 前端和领口处钩织收边B。左前端第3行钩织终点处的收边A稍微倾斜,之后在右前端接线,左右对称钩织。

5. 袖口处钩织收边B。袖口的边角处每行钩织3针并1针。

6. 钩织绳带,拼接到左右前端。

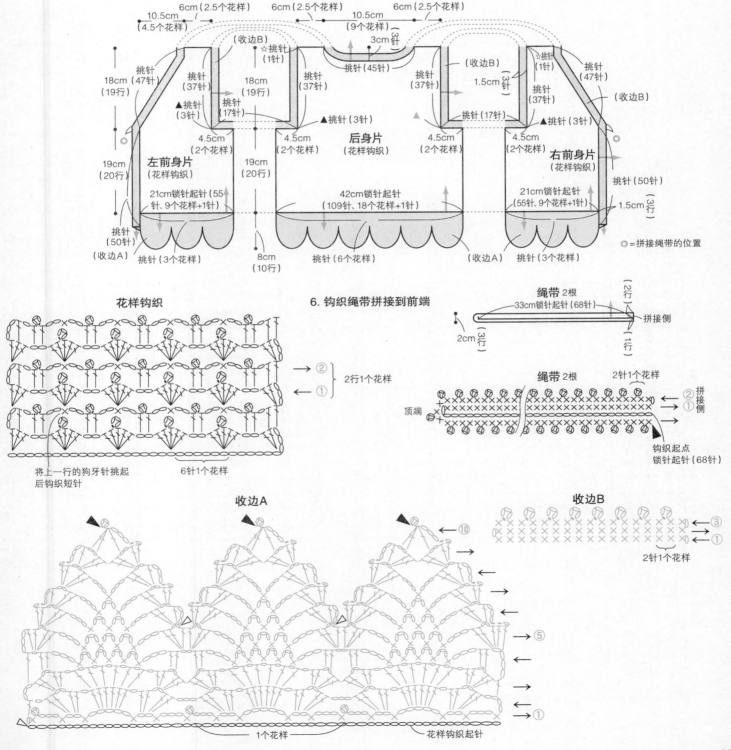

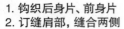

1. 钩织后身片、前身片
2. 订缝肩部, 缝合两侧

左前身片

锁针上的短针接缝

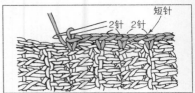

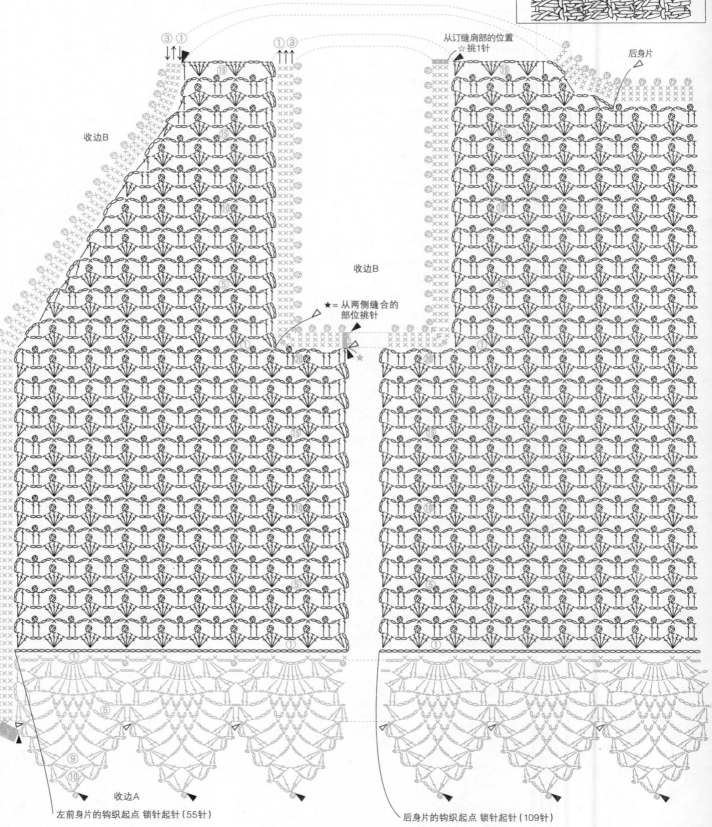

收边B

从订缝肩部的位置
☆挑1针

后身片

收边B

★= 从两侧缝合的
部位挑针

收边A

左前身片的钩织起点 锁针起针（55针）

后身片的钩织起点 锁针起针（109针）

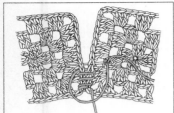

卷针缝缝合

5 袖口处钩织收边B

右前身片

后身片

从订缝肩部的位置
挑1针

收边B

收边B

★=从两侧缝合的
部位挑针

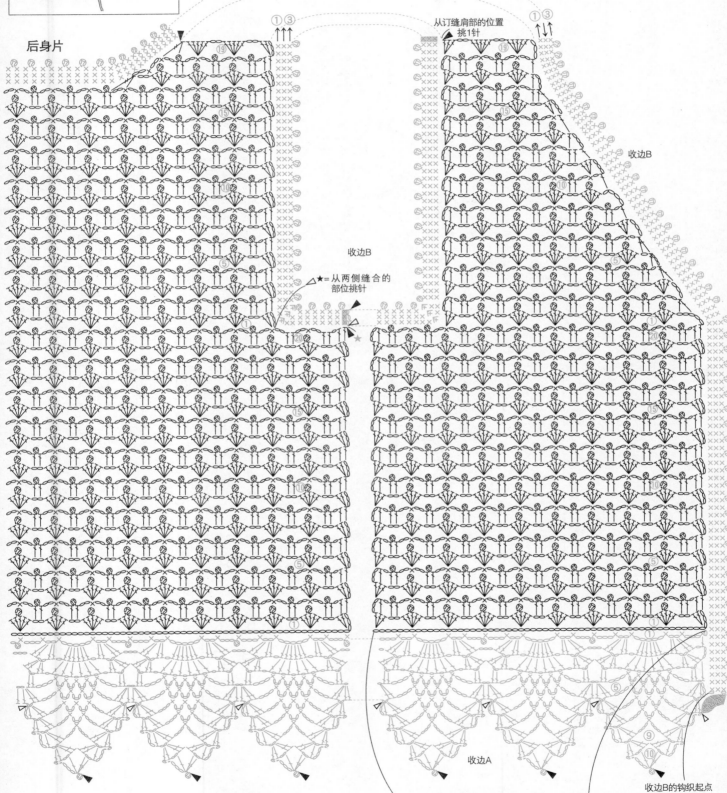

收边A

收边A的钩织起点

收边B的钩织起点

3. 下摆处钩织收边A
4. 前端和领口处钩织收边B

右前身片的钩织起点 锁针起针（55针）

※右前侧的 ▨ 部分从后侧编织

蓝色披肩

图片见P14

使用线和针：

棉线 淡蓝色……170g

钩针4/0号

密度：

用花样钩织的方法钩织边长10cm的正方形，每行20针，共14行

成品尺寸：参照图

钩织方法：

主体部分钩织218针锁针起针，然后反面向上钩织第1行。从第2行开始分别用半个花样在两端减针，同时钩织至第47行。收边时如同反面向上钩织第1行一样，从主体挑针后钩织12行。

■接P39

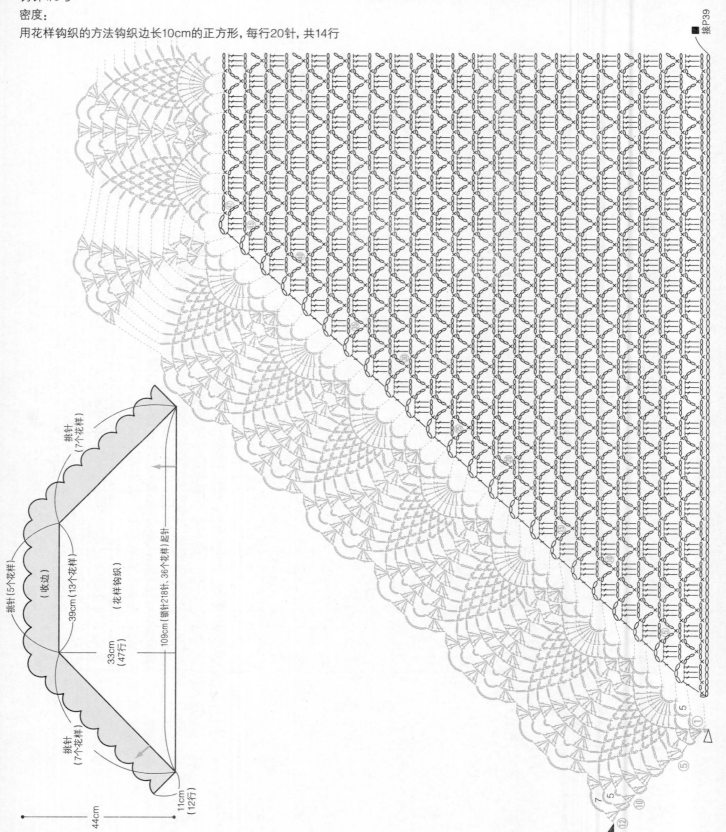

挑针（7个花样）

挑针（5个花样）

（收边）

39cm（13个花样）

（花样钩织）

33cm（47行）

109cm（锁针218针，36个花样起针）

挑针（7个花样）

11cm（12行）

44cm

38

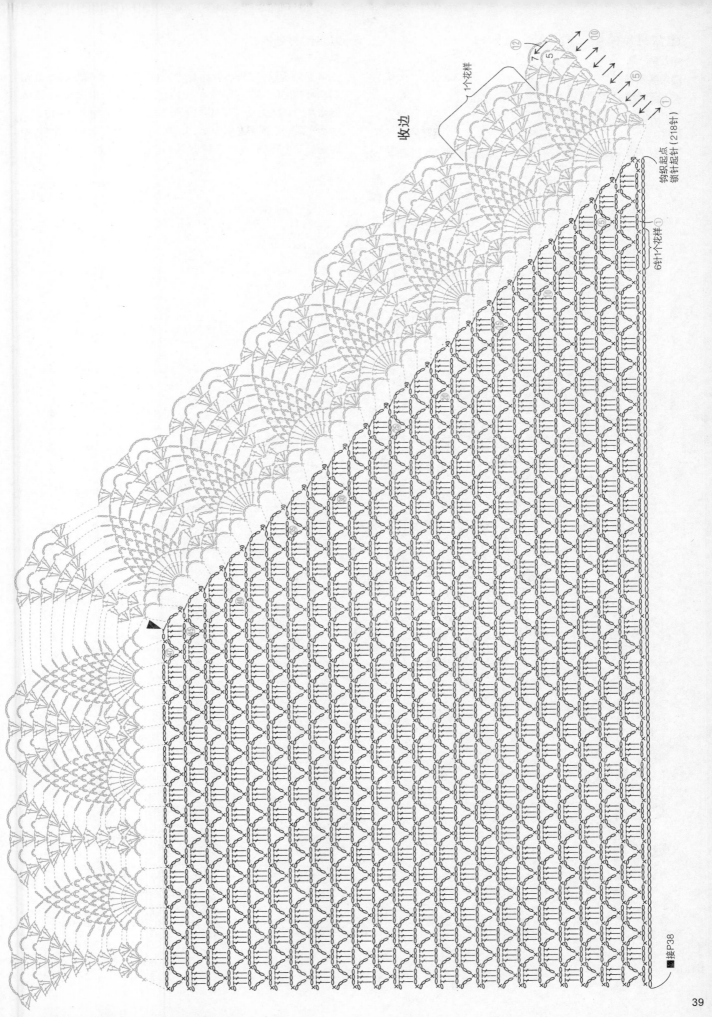

收边

1个花样

(持8针)(21针)持起针
点起钠钩

6针1个花样①

■接P38

39

迷你三角披肩

图片见P17

使用线和针：
手工蕾丝线 20号（10g/卷）奶白色……50g
钩针3/0号

密度：
用花样钩织的方法钩织边长为10cm的正方形，每行28针，共17.5行

成品尺寸： 参照图

钩织方法：
主体部分钩织177针锁针起针，然后反面向上钩织第1行。在两端减针的同时用花样钩织至第44行。钩织收边A、B时，从主体开始用短针绕圈挑1行，从第2行开始分别收边。钩织收边B时，按照图示方法留出左端不织，从第8行的顶端开始向下钩织，同时完成菠萝花样。每个花样都不用断线，继续钩织即可。

接P41

接P41

接P41

接P41

中央

40

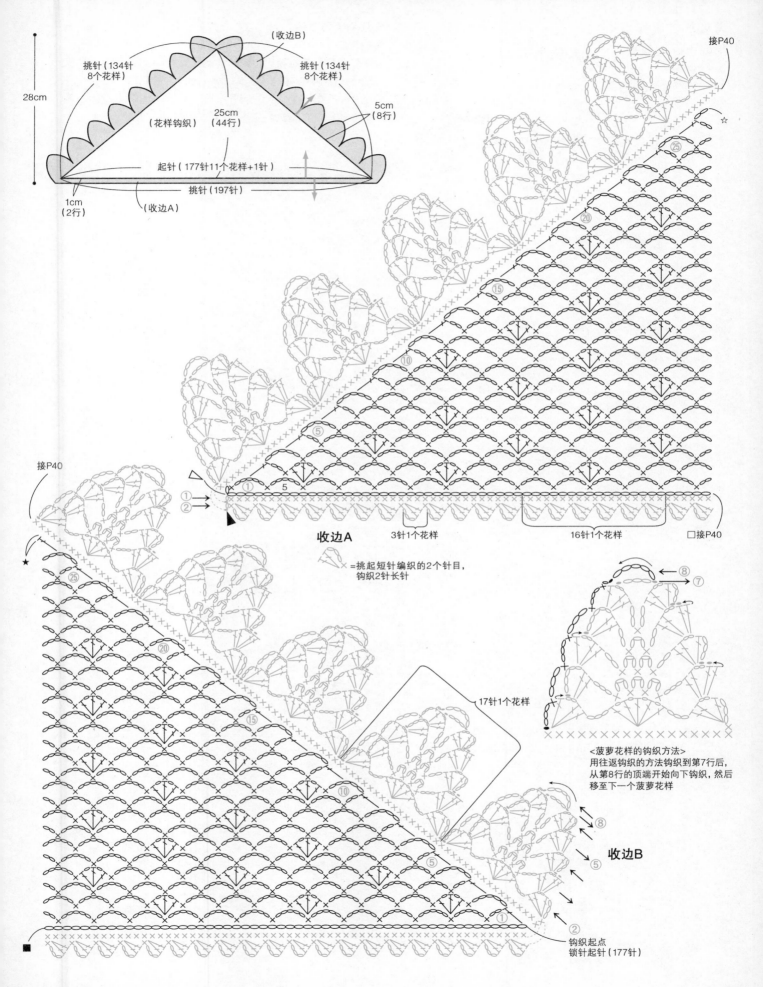

28cm

挑针（134针 8个花样）

（收边B）

挑针（134针 8个花样）

25cm （44行）

（花样钩织）

5cm （8行）

起针（177针11个花样+1针）

挑针（197针）

1cm （2行）

（收边A）

接P40

接P40

⑤ ⑩ ⑮ ⑳ ㉕

收边A

3针1个花样

16针1个花样

□接P40

✕ =挑起短针编织的2个针目， 钩织2针长针

17针1个花样

⑦ ⑧

收边B

② ⑤ ⑧

<菠萝花样的钩织方法> 用往返钩织的方法钩织到第7行后， 从第8行的顶端开始向下钩织，然后 移至下一个菠萝花样

接P40

★

① ⑤ ⑩ ⑮ ⑳ ㉕

钩织起点 锁针起针（177针）

■

竖长型花样手提包

图片见P12

使用线和针:
再生纤维编织线 米褐色……105g
钩针6/0号

密度:
用花样钩织的方法钩织边长10cm的正方形,每行22针,共14行

成品尺寸: 参照图

钩织方法:
从手提包底部开始钩织。起24针锁针,加针的同时用短针钩织4行,然后钩织1行花样。再无加减针的钩织34行花样,最终行收边。提手部分先织60针锁针起针,然后用短针钩织1圈,再用引拔针钩织1行。最后将提手拼接到手提包的内侧。

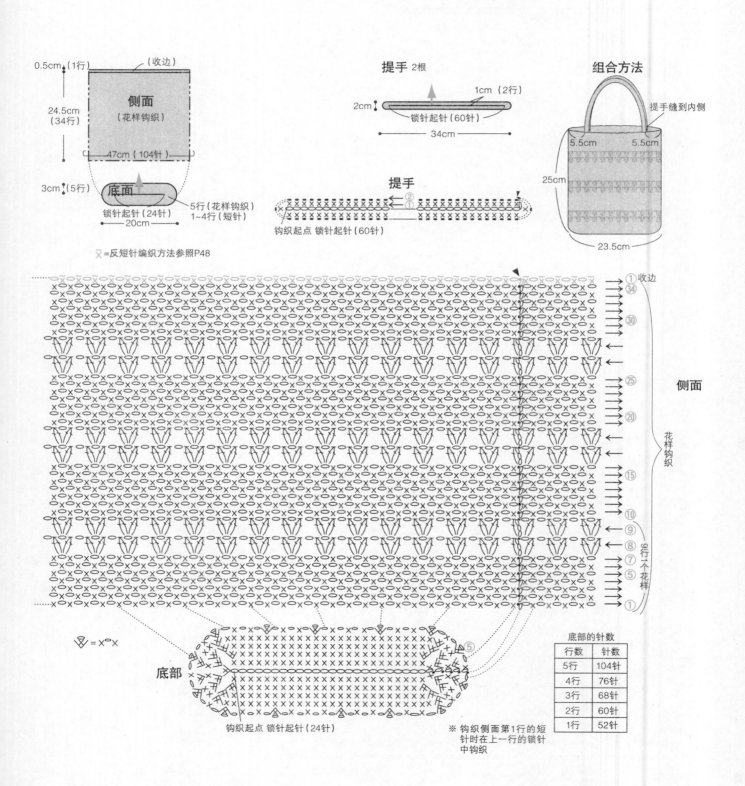

0.5cm（1行） （收边）

侧面
（花样钩织）

24.5cm
（34行）

47cm（104针）

底面

3cm（5行）

锁针起针（24针）
20cm

5行（花样钩织）
1~4行（短针）

X=反短针编织方法参照P48

提手 2根

2cm

1cm（2行）

锁针起针（60针）

34cm

提手

钩织起点 锁针起针（60针）

组合方法

提手缝到内侧

5.5cm　5.5cm

25cm

23.5cm

收边
①
34

30

25

20

15

10
⑨
⑧
⑦
⑤

①

侧面

花样钩织

9行1个花样

底部

钩织起点 锁针起针（24针）

※钩织侧面第1行的短针时在上一行的锁针中钩织

= X○X

底部的针数	
行数	针数
5行	104针
4行	76针
3行	68针
2行	60针
1行	52针

圆形花样的坎肩A、B

图片见P19
使用线和针:
棉麻混纺A 米褐色……135g, B 藏蓝色……130g
钩针5/0号
成品尺寸:
A 胸围任意,衣长52cm
B 胸围任意,衣长52cm,袖长8cm
钩织方法:
A、B相同

钩织后身片时在中心钩织出锁针6针的线圈,加针的同时用锁针和长针钩织13行。钩织第14~17行时,朝袖口方向的3个花样中的长针换成长长针。第18行袖口部分钩织50针锁针过渡,然后继续钩织花样A。左右前身片、衣领、下摆处继续钩织花样B。

A 袖子部分先起35针,然后钩织9行。参照P45图中拼接袖子的位置,与衣身挑缝(织片的正面相对合拢,顶端针目分开交替挑起)。在衣身袖下钩织收边B,钩织第1行时先钩织短针,然后剪断线,钩织第2行时接着袖子的第9行继续钩织。

B 参照P44图中的挑针位置,在袖口处钩织收边A。锁针部分成束挑起。

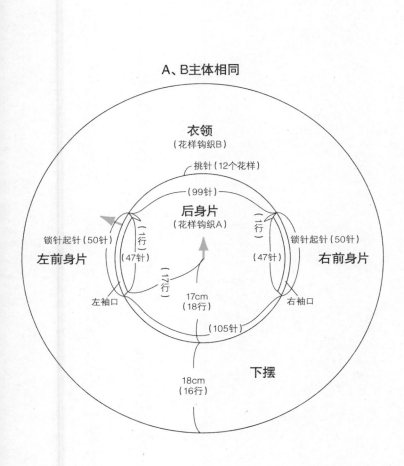

A、B主体相同

衣领
(花样钩织B)
挑针(12个花样)
(99针)
后身片
(花样钩织A)
(1行)
(1行)
锁针起针(50针)
左前身片
(47针)
(1行)
锁针起针(50针)
(47针)
右前身片
左袖口
(17行)
17cm
(18行)
右袖口
(105针)
下摆
18cm
(16行)

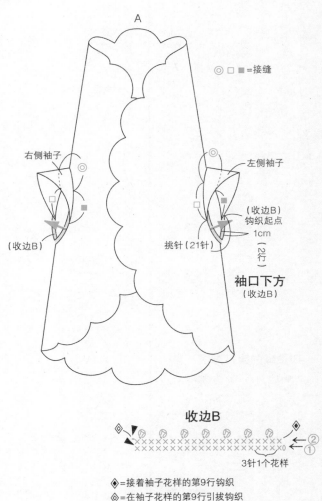

A

◎ □ ■=接缝

右侧袖子
左侧袖子
(收边B)
钩织起点
1cm
(收边B)
挑针(21针)
(2行)
袖口下方
(收边B)

收边B

3针1个花样

◆=接着袖子花样的第9行钩织
◇=在袖子花样的第9行引拔钩织

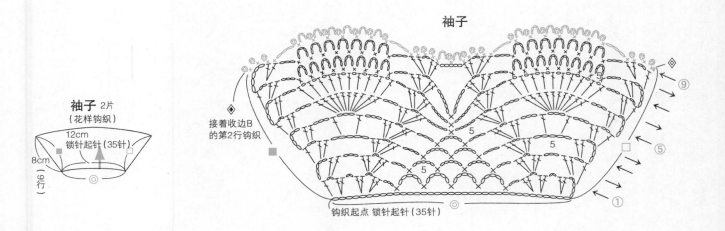

袖子

袖子 2片
(花样钩织)
12cm
锁针起针(35针)
8cm
(9行)

接着收边B
的第2行钩织

⑨
⑤
①

5
5
5

钩织起点 锁针起针(35针)

43

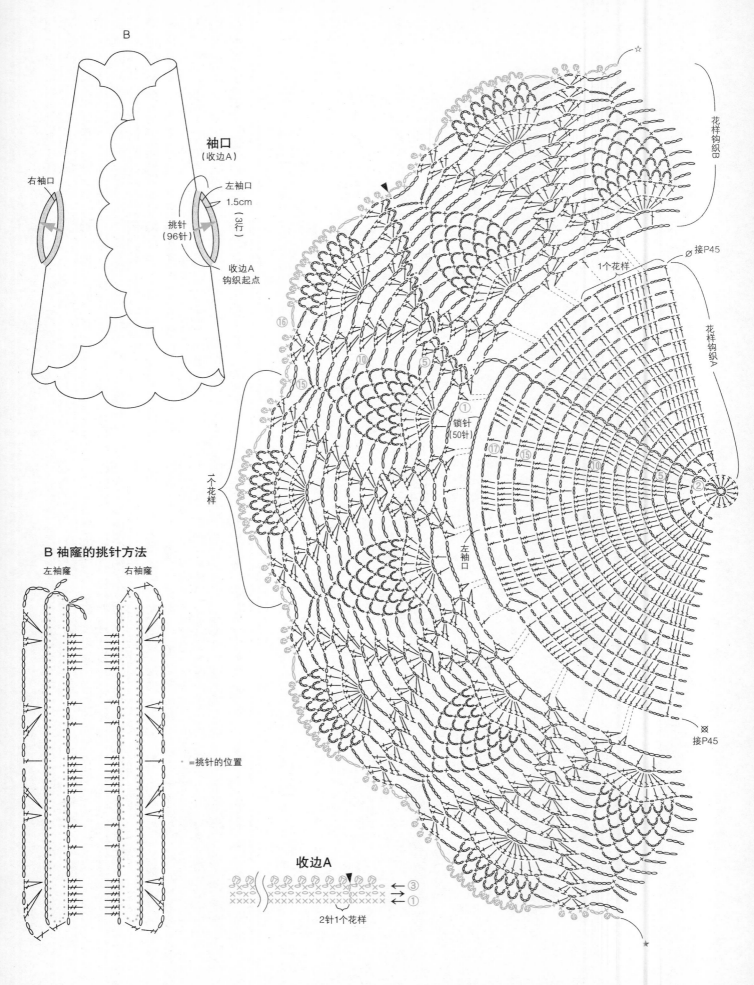

B

袖口
（收边A）

右袖口

左袖口
1.5cm
（3行）

挑针
（96针）

收边A
钩织起点

花样钩织B

接P45

1个花样

花样钩织A

一个花样

锁针
（50针）

左袖口

一个花样

B 袖窿的挑针方法

左袖窿   右袖窿

•=挑针的位置

收边A

2针1个花样

接P45

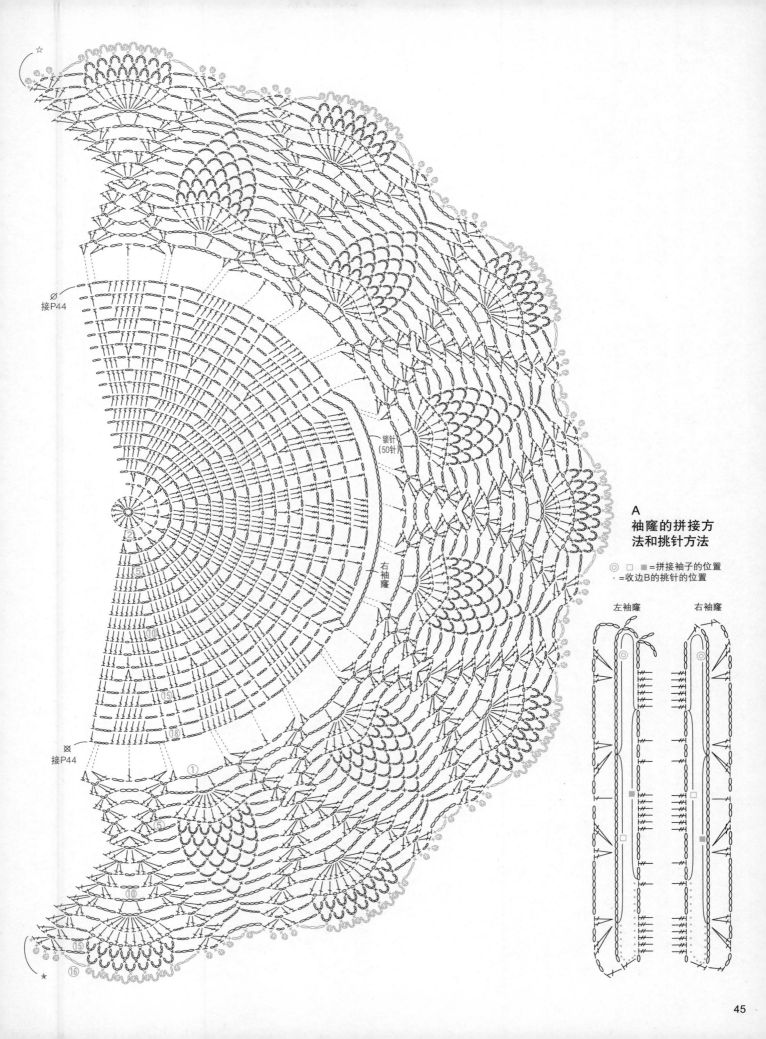

接P44

锁针
(50针)

右袖窿

接P44

A
袖窿的拼接方法和挑针方法

◎ □ ■ =拼接袖子的位置
• =收边B的挑针的位置

左袖窿　　　右袖窿

象牙白的长巾（A）图片见P15
紫色的迷你长巾（B）图片见P16

使用线和针：
A 棉线 象牙白色……115g 钩针5/0号
B 棉麻混纺 紫色……75g 钩针5/0号
密度：
A 编织花样10cm×10cm内：每行22针，共11行
B 编织花样10cm×10cm内：每行22针，共8.5行
成品尺寸：
A 长116cm，宽29cm
B 长116cm，宽14cm
钩织方法：
A 起57针锁针，上下各钩织63行花样，最后1行钩织收边A。钩织收边B的部分先从花样钩织的两侧挑针，然后在中央调整花样数量，再钩织3行。
B 起29针锁针，上下各钩织49行花样，最后1行钩织收边B。

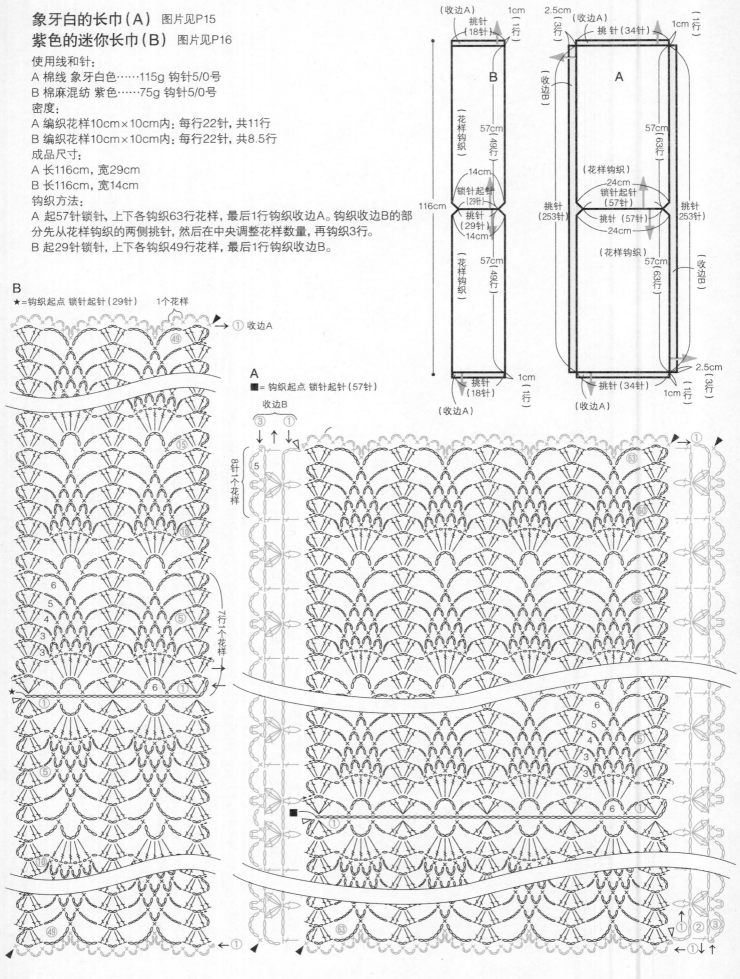

basic lesson

花样钩织的基础课程

这里介绍一些钩织技巧，不论是刚开始学习钩织的朋友，还是对钩织已有所了解的朋友都能一目了然。掌握了正确的技巧，才能渐渐体会到钩针编织的乐趣。

● 各式短针

短针是钩针编织最基本的钩织方法之一。挑针的方法不同，织片呈现出的感觉也各异。另外，稍微改变一下钩织方法，就能变成收边。记住了基本的钩织方法，接下来就慢慢地挑战应用吧。

| 短针 | × |  |

1 钩针插入上一行中。

2 针上挂线，按照箭头所示引拔抽出。

3 再次在针上挂线，一次性引拔穿过2个线圈。

4 钩织完1针短针。

| 短针的条纹针（环形编织） | |  |

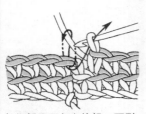  

1 每行都正面向上编织。环形编织短针，再在最初的针目中引拔钩织。

2 立起1针锁针，将上一行头针的外侧半针挑起后再钩织短针。

3 用同样的方法重复步骤2，继续钩织。

4 上一行头针的内侧半针呈条纹状。钩织完第3行短针的条纹针后如图所示。

| 短针的菱形针（往返编织） | × |  |

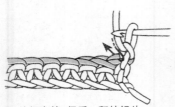 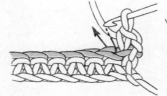 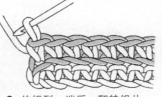 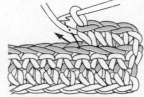

1 钩织完第1行后，翻转织片，钩织立起的锁针。然后将上一行头针的外侧半针挑起，再钩织短针。

2 按照同样的方法将下一针外侧的半针挑起。

3 钩织到一端后，翻转织片。

4 按照步骤1、2的方法，将外侧的半针挑起后钩织短针。翻转织片再进行往返编织，形成凹凸有致的表面。

反短针

~

```
        0×~~~~  →
××××0×××× ←
××××0×××× ←
```

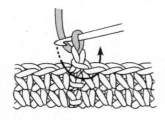

1 钩织1针立起的锁针，再按照箭头所示，向内旋转，插入右侧的针目中。

2 针上挂线，按照箭头所示直接将线从内侧引拔拉出。

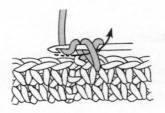

3 针上挂线，一次性引拔穿过2个线圈。

4 重复步骤1~3，钩织到最后时，暂时将针从针目中取出。然后按照箭头所示，从反面插入钩织起点的针目中，再从针目的反面引拔拉出。在反面处理线头。

变化的反短针

~

```
        0×~~~~  →
××××0×××× ←
××××0×××× ←
```

※ 记号与反短针相同

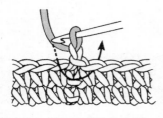

1 钩织完1针立起的锁针后按照箭头所示从内侧调转针头，插入右侧的针目中。

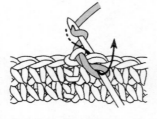

2 针上挂线，按照箭头所示方向引拔出。

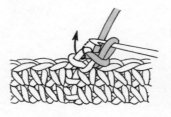

3 挑起立起的锁针。

4 针上挂线后钩织短针。

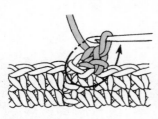

5 按照箭头所示将钩针插入相邻的针目中，然后按照步骤2的要领在针上挂线，再引拔出。

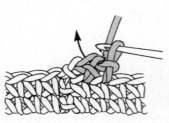

6 将前面针目中的2根线挑起，钩织短针。

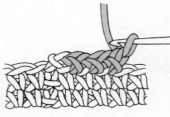

7 重复步骤5、6，继续钩织。

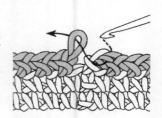

8 钩织到终点时，暂时将钩针取出。然后按照箭头所示从反面将钩针插入钩织起点的针目中。在反面处理线头。

● 各式狗牙针

有许多种小巧可爱的粒状狗牙针。这里，我们介绍在短针、中长针、长针、锁针4种针目中钩织狗牙针的方法。如果在边缘和镂空花样中加入这样的亮点装饰，作品会更加时尚漂亮。

锁针3针的狗牙拉针

<在短针中钩织的情况>

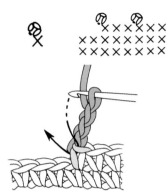 

1 钩织3针锁针。

2 将钩针插入短针头针的半针和尾针的1根线中。

3 针上挂线，一次性引拔穿过3个线圈。

4 锁针3针的狗牙拉针完成。

<在中长针中钩织的情况>

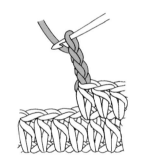  

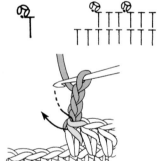 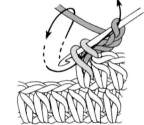

1 钩织3针锁针。

2 将钩针插入中长针头针的半针和尾针的1根线中。

3 针上挂线，一次性引拔穿过3个线圈。

4 锁针3针的狗牙拉针完成。

<在长针中钩织的情况>

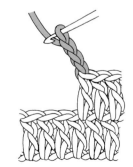 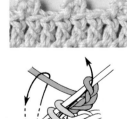 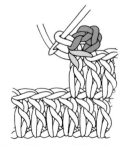

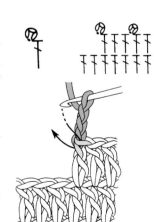

1 钩织3针锁针。

2 将钩针插入长针头针的半针和尾针的1根线中。

3 针上挂线，一次性引拔穿过3个线圈。

4 锁针3针的狗牙拉针完成。

<在锁针中钩织的情况>

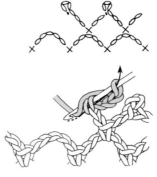

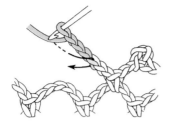

1 钩织3针锁针，然后将钩针插入第4针内侧锁针正面的1根线和里山中。

2 针上挂线，一次引拔穿过3个线圈。

3 锁针3针的狗牙拉针完成。

4 继续织锁针起针。

用到P47~50中针法的作品

※ 括号内为图片与钩织方法的页码

短针的条纹针 ╳ 短针的菱形针 ╳ 反短针 ╳

织带I
（p9／p9）

向日葵饰花
（P12／P13）

蕾丝杯垫G
（P8／P32）

手提包
（P8／P32）

手提包
（P12／P42）

帽子
（P58／P59／P60）

锁针3针的狗牙针 （锁针的数量不同，但钩织引拔的方法相同）

<在短针中钩织时>

蕾丝杯垫D
（p7／p7）

正面系带的坎肩
（p18／p35）

圆形花样的坎肩
（p19／p43）

帽子的饰花
（p55／p75）

象牙白的拼接领
（p62／p72）

<在长针中钩织时>

蕾丝杯垫B
（p6／p6）

织带J
（p9／p33）

正面系带的坎肩
（p18／p35）

用蕾丝线钩织的原色饰花B
（p69／p76）

<在锁针中钩织时>

蕾丝杯垫D
（p7／p7）

蕾丝杯垫H
（p8／p32）

织带J
（p9／p33）

用蕾丝线钩织的原色饰花D
（p69／p77）

50

成熟漂亮的花边钩织饰物

由多个花样组合而成的饰物,适合搭配春装,精致可人的花边饰物能突出女性的成熟气质。采用30号蕾丝线一针一针精心钩织出令人爱不释手的饰物。

耳饰

饰花

戒指

手链

链饰

用品质优良的象牙白线钩织4片花边组成的可爱花样,帅气的黑边也能凸显时尚感。两端加入轻柔的流苏风格的链饰,用作腰带也相当漂亮。

钩织方法→P52
使用线→蕾丝线 30号

戒指

图片见P51

使用线和针：

蕾丝线30号 原色……2g、黑色……少许

蕾丝针4号

其他：

填充棉少许

带底座的戒指……1个

成品尺寸：参照图

饰花

图片见P51

使用线和针：

蕾丝线30号 原色……3g、黑色……1g

蕾丝针4号

其他：

填充棉少许

饰花别针…1颗

成品尺寸：参照图

手链

图片见P51

使用线和针：

蕾丝线30号 原色……8g、黑色……1g

蕾丝针4号

其他：

填充棉少许

直径10mm的纽扣……1颗

成品尺寸：参照图

链饰

图片见P51

使用线和针：

蕾丝线30号 原色……22g

蕾丝针4号

其他：

成品尺寸：参照图

耳饰

图片见P51

使用线和针：

蕾丝线30号 原色……3g

蕾丝针4号

其他：

耳环金属配件1组

直径4mm的圆形扣……2个

成品尺寸：参照图

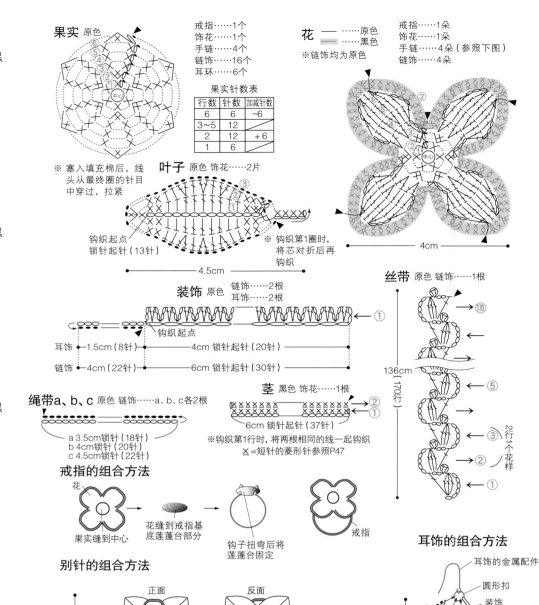

果实 原色

戒指……1个
饰花……1个
手链……4个
链饰……16个
耳环……6个

果实针数表

行数	针数	加减针数
6	6	−6
3〜5	12	
2	12	＋6
1	6	

※ 塞入填充棉后，线头从最终圈的针目中穿过，拉紧

叶子 原色 饰花……2片

钩织起点
锁针起针（13针）

※钩织第1圈时，将芯对折后再钩织

4.5cm

花 —— ……原色
……黑色

※链饰均为原色

戒指……1朵
饰花……1朵
手链……4朵（参照下图）
链饰……4朵

4cm

装饰 原色 链饰……2根
耳饰……2根

钩织起点

耳饰 1.5cm（8针） 4cm 锁针起针（20针）

链饰 4cm（22针） 6cm 锁针起针（30针）

绳带a、b、c 原色 链饰……a、b、c各2根

a 3.5cm锁针（18针）
b 4cm锁针（20针）
c 4.5cm锁针（22针）

茎 黑色 饰花……1根

6cm 锁针起针（37针）

※钩织第1行时，将两根相同的线一起钩织
╳=短针的菱形针参照P47

丝带 原色 链饰……1根

136cm（170行）

2行1个花样

戒指的组合方法

花
果实缝到中心

花缝到戒指基底莲蓬台部分

钩子扭弯后将莲蓬台固定

戒指

耳饰的组合方法

耳饰的金属配件
圆形扣
装饰
果实

5.5cm

※钩针插入圆形扣中引拔拼接

别针的组合方法

正面 反面

5.5cm

花
叶子
茎
果实缝到中心

缝上别针
缝上叶子和茎

8.5cm

链饰的组合方法

丝带
长136cm

缝上3个果实
绳带c 绳带b 绳带a
装饰
缝上花

※果实缝到绳带a、b、c的顶端
※所有果实都缝到花的中央

4.5cm

17cm
17cm

缝上3个果实
绳带c 绳带b 绳带a
果实
装饰
缝上花
缝上花

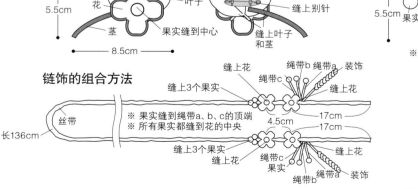

手链的组合方法

—— ……原色
……黑色

※按照❶〜❹的顺序拼接 ※所有果实都缝到花的中央

※引拔钩织之前先将钩针从针目中抽出，然后从正面将钩针插入箭头顶端所指的针目中，再引拔钩织

缝上纽扣

❶ ❷ ❸ ❹

扣眼
锁针17针

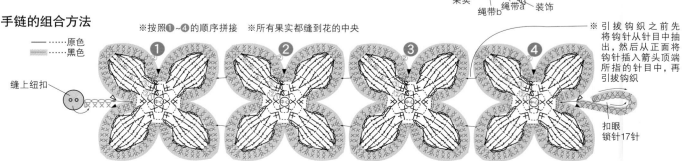

发圈

戒指

发夹

手链

项链

灰色与米褐色的蕾丝饰物适合与各
类服饰搭配。先钩织好多个小花
样，然后拼接成发饰，让你的背影
看起来也同样完美。

钩织方法→P54
使用线/蕾丝线30号

项链

图片见P53
使用线和针:
蕾丝线30号 灰色……3g
蕾丝针2号
成品尺寸: 参照图

戒指

图片见P53
使用线和针:
蕾丝线30号 灰色……少许
蕾丝针2号
其他:
带底座的戒指……1个
直径6mm的珍珠串珠……1颗
成品尺寸: 参照图

手链

图片见P53
使用线和针:
蕾丝线30号 灰色……1g
蕾丝针2号
成品尺寸: 参照图

项链装饰

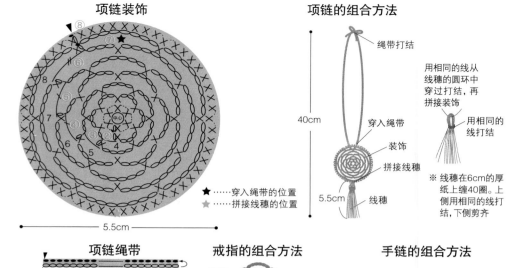

★……穿入绳带的位置
★……拼接线穗的位置

5.5cm

项链的组合方法

绳带打结

40cm

穿入绳带

装饰

拼接线穗

5.5cm

线穗

用相同的线从
线穗的圆环中
穿过打结,再
拼接装饰

用相同的
线打结

※ 线穗在6cm的厚
纸上缠40圈。上
侧用相同的线打
结,下侧剪齐

项链绳带

78cm锁针 (274针)

戒指装饰

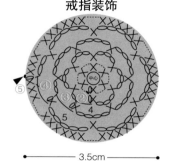

3.5cm

戒指的组合方法

装饰

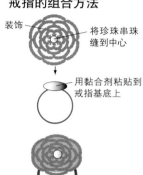

将珍珠串珠
缝到中心

用黏合剂粘贴到
戒指基底上

戒指基底

手链的组合方法

15cm

拼接绳带

手链主体

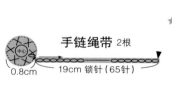

手链绳带 2根

0.8cm   19cm 锁针 (65针)

① ② ③ ④ ⑤

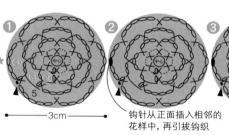

3cm

钩针从正面插入相邻的
花样中,再引拔钩织

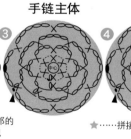

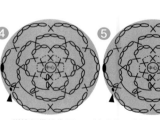

★……拼接绳带的位置 ※ 按照❶~❺的顺序拼接

发圈

图片见P53
使用线和针:
蕾丝线30号 米褐色……5g
蕾丝针2号
其他:
带底座的发圈……1个
成品尺寸: 参照图

发圈花朵 5朵

4.5cm

发圈的组合方法

正面

5cm

反面

花朵对折, 5朵
一起组成圆形,
同时缝合

用黏合剂将
花粘贴到发
圈底座上

发夹

图片见P53
使用线和针:
蕾丝线30号 米褐色……4g
蕾丝针2号
其他:
发夹……1个、米褐色直径6mm的装饰
亮片……15片、米褐色直径3mm的切割
串珠……5颗
成品尺寸: 参照图

发夹花朵 5朵

3cm

发夹的组合方法

正面

装饰亮片
(3片重叠)

花朵错开重叠,
缝到反面

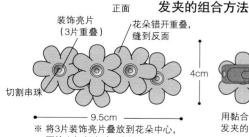

切割串珠

9.5cm

※ 将3片装饰亮片叠放到花朵中心,
再放上切割串珠,缝好

4cm

反面

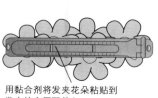

用黏合剂将发夹花朵粘贴到
发夹的金属配件上

衬托可爱春装的帽子

这是具有一定程度通透感的可爱花样钩织帽。两顶帽子的钩织方法相同，但帽檐部分稍微有些变化，效果就明显不一样。A为引拔针钩织的线条，帽檐较窄，B为长针和短针钩织的简单宽帽檐。

饰花帽子A

蓝色帽子B

钩织方法→ 帽子A、B／P57
　　　　　 A 饰花／P75
使用线→ A 丝光棉线
　　　　 B 蕾丝线

饰花帽子A 图片见P55
蓝色帽子B 图片见P56
※ 饰花的钩织方法见P75
使用线和针:
A 丝光棉线 原色……60g 钩针3/0号
B 蕾丝线 蓝色……95g 钩针3/0号
成品尺寸:
A 头围57cm,深16cm

B 头围58cm,深17.5cm
钩织方法:
钩织主体时,一端环形起针,第1圈先钩织3针立起的锁针,然后再织入13针长针。加针的同时用长针钩织至第4圈。从第5圈开始进行花样钩织。第5圈织入14个花样,第9圈织入21个花样,第11圈织入28个花样,如此增加花样后,再增加花样的针数,用28个花样钩织28圈,最后再钩织1圈短针调整。接着,分别从A、B的主体挑针收边。

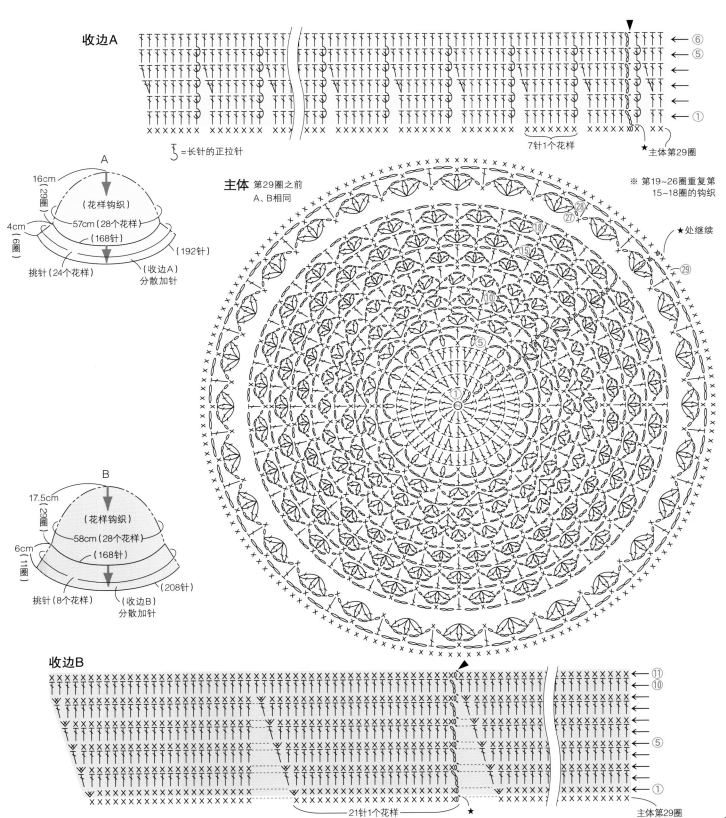

收边A

↙=长针的正拉针

7针1个花样

←⑥
←⑤
←
←
←
←①

★主体第29圈

A
16cm
(29圈)
4cm
(6圈)
(花样钩织)
57cm(28个花样)
(168针)
(192针)
挑针(24个花样)
(收边A)
分散加针

主体 第29圈之前
A、B相同

※ 第19~26圈重复第15~18圈的钩织

★处继续

B
17.5cm
(29圈)
6cm
(11圈)
(花样钩织)
58cm(28个花样)
(168针)
(208针)
挑针(8个花样)
(收边B)
分散加针

收边B

←⑪
←⑩
←
←
←⑤
←
←①

21针1个花样

★

主体第29圈

57

织入花样的帽子A

此款是宽松的贝雷帽风格设计。两顶帽子的钩织方法相同，A为菱形的织入花样，B为具有金银线质感的纯色。如果想要多一分淑女气质的话，可以加入大大的蝴蝶结，绝对是人群中的焦点。

掺入金银线编织的帽子B

钩织方法→帽子A、B／P60　A 蝴蝶结／P74
使用线→A 棉毛线（粗）　B 棉毛线

织入花样的帽子A 图片见P58

掺入金银线编织的帽子B 图片见P59

※ A蝴蝶结的钩织方法见P74

使用线和针：

A 棉毛线（粗）茶色……100g、原色……10g 钩针6/0号

B 棉毛线 掺入金银线的茶色……90g 钩针6/0号

成品尺寸：

A 头围50cm，深26cm

B 头围50cm，深24cm

钩织方法：

环形钩织72针锁针。A钩织12圈短针的织入花样，B钩织7圈短针。然后一边加针一边用长针钩织至最终圈。从锁针的起针中挑针，再用反短针钩织1圈。帽顶缝两次拉紧。

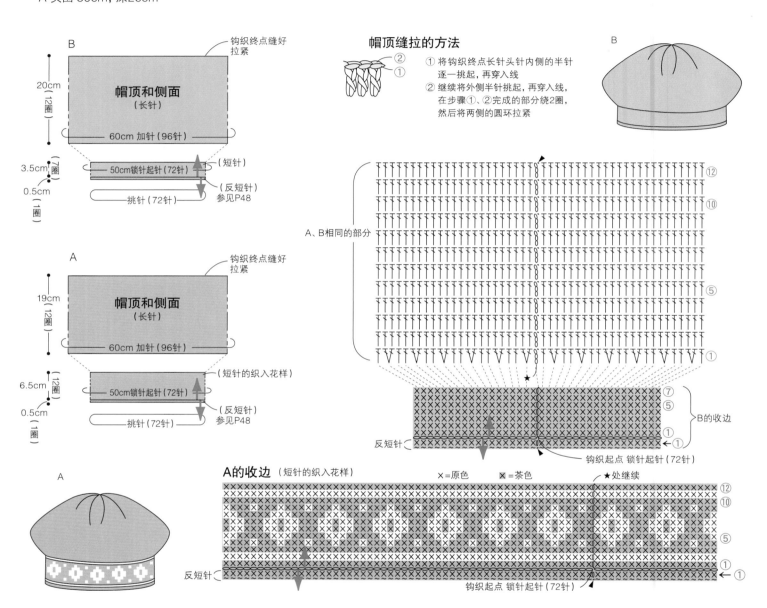

帽顶缝拉的方法

① 将钩织终点长针头针内侧的半针逐一挑起，再穿入线

② 继续将外侧半针挑起，再穿入线，在步骤①、②完成的部分绕2圈，然后将两侧的圆环拉紧

B

帽顶和侧面（长针）

20cm（12圈）

60cm 加针（96针）

50cm锁针起针（72针）（短针）

3.5cm（7圈）

0.5cm（1圈）

挑针（72针）（反短针）参见P48

A

帽顶和侧面（长针）

19cm（12圈）

60cm 加针（96针）

50cm锁针起针（72针）（短针的织入花样）

6.5cm（12圈）

0.5cm（1圈）

挑针（72针）（反短针）参见P48

A、B相同的部分

钩织终点缝好拉紧

B的收边

反短针

钩织起点 锁针起针（72针）

A的收边（短针的织入花样）

×=原色 ×=茶色 ★处继续

反短针

钩织起点 锁针起针（72针）

配色线的替换方法（横向渡线织入花样）

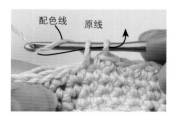

配色线 原线

1 在内侧钩织最后的引拔针时替换配色线，再引拔钩织。

线头

2 引拔钩织完成后如图所示。

3 用原线的线头钩织，同时用配色线再钩织1针，最后钩织引拔针时替换原线，之后引拔钩织。

4 按照同样的换线方法，继续钩织花样。

闪亮时尚、材质独特的小物

这是让女性心生向往的闪耀亮片毛线披肩。
耀眼动人，搭配出超凡的气质。
是最适合春季的贴身配饰，一定要试试看。

stole

流苏迷你长巾（A）

由出众的胭脂红线加入亮片编织而成的长
巾，带有流苏，给人轻盈的感觉。

钩织方法→P72
使用线→棉线

collar

象牙白的拼接领（B）

金色的亮片映衬出象牙白的纯净。闪闪亮亮
的拼接领，非常适合淑女装。

钩织方法→P72
使用线→棉线

chouchou

三色发圈A、B、C

用毛茸茸的荷叶边花样打造出可爱精致的发圈。每款
发圈的基本钩织方法都相同。改变荷叶边的宽度或
重叠钩织，可以让每个发圈各有特点。

钩织方法→P70、71
使用线→棉线

stole

金色迷你围巾（A）

在毛线中加入了同色系的玻璃串珠编织。用方眼钩织
花样拼接而成的华丽围巾，可随意围在脖子上。

钩织方法→P73
使用线→棉毛线

lariat

花样链饰（B）

链饰中的同色玻璃串珠耀眼夺目。
用P64金色迷你围巾的花样拼接而成。

钩织方法→P73
使用线→棉毛线

探访远藤裕美老师的
工作室

"线条流畅，可爱精致"，是人们对远藤老师设计作品的评价。钩织作品的关键，归根结底还是"手"。为了探究钩织的秘密并了解其中的故事，我们来到了远藤老师的工作室。

a

b

a. "这桌子都不好意思见人了（笑）。小时候用过一段时间，后来觉得它好用，又找出来了。"四周古旧的桌子和各种工具，使整个工作室沉浸在轻松温馨氛围中。

b. 这些让人心情愉悦的花样来自于《钩出超可爱立体小物件100款（浪漫花饰篇）》（中文简体字版由河南科学技术出版社出版发行）。

《钩出超可爱立体小物件100款
（浪漫花饰篇）》

编织道具和设计灵感的源泉

c. 毛线放置在专用的开放式书架上。
d. 工作台上放着老师爱用的3种可爱钩织针插。
e. 尺子挂在桌子的侧面。旁边是2005年的挂历。"我用它做颜色参考呢（笑）。"
f. 棒针放在桌上易取放的位置。

g. 喜爱阅读园艺、天文、历史类书籍。
h. 毛线架的抽屉里放着自己漂染的毛线。
i. 小抽屉中放着各种丝带和花边。"有些会用到作品中，有些只是让人爱不释手的收藏品。"
j. 图片集主要用于配色参考。
k. 在工作室中绘制编织图时都是这样把制图板放在膝盖上。

"我总觉得介绍基本知识的作品要尽量简单。钩织时不要想太多，一口气钩织完后有时会有意想不到的效果。"

设计作品时，远藤老师会先把钩针和线拿在手上，然后再一边钩织一边推敲。

"边动手边思考。比如，如果想用5种颜色的线钩织，我会先试着把颜色搭配好的线在盒子里排列好，再放到桌上观察。然后边钩织边找出颜色效果最好的组合。"

打开堆积在工作室中的盒子，里面是各种花样和样品。远藤老师说这些都是试验作品，还未发表过。换句话说，这些试验品也可能是下一件设计作品的灵感之源，或成为未来的作品。

"掌握一定的节奏才能钩织出漂亮的作品，上手后会非常有趣哦！"

钩织、拼接小花样的乐趣

远藤裕美

高中毕业后，开始学习画刊设计与编织。历经数年，以编织者的身份参加过很多活动，不断磨练基本功。之后进入儿童服饰企业工作，担任企划。现为自由编织设计师，其作品活跃于各种手工杂志。

l. 打开纸箱，里面是颜色艳丽的各式圆形花样。这些花样都是根据个人的喜好配色钩织的。

m. 钩织好的圆形花样刚刚拼接完成，但要最终完成作品还需一段时间。

n. 将以前工作中钩织的饰花拼接到手提包上，用作点缀。简单的设计中透着奢华。

　　远藤老师每天从上午11点左右开始工作，一直到凌晨两点，虽然时间较长，但从不厌倦。

　　"说起来，自从成为专业编织者后还没有哪天歇过呢。这项工作需要花时间，有耐心，但我很快乐。能钩织出漂亮的织片，感觉非常满足。"

　　如此重视钩织的远藤老师给我们的建议是：用自己的双手，怀着愉悦的心情，按照一定的节奏进行钩织。

　　"眼睛一眨不眨、过分专注地进行钩织时，很容易疲劳，所以不建议采用这种方法。当然太放松也不好，因为钩织需要有一定的节律。只有放松身体，才能将针目钩织得更整齐，钩织过程也会充满乐趣。"

　　虽说远藤老师忙于作品制作，但当看见可爱的毛线时，还是忍不住要钩织几个小花样。我们可以先从钩织一个自己喜欢的花样开始，慢慢体会钩织的乐趣。

用蕾丝线钩织的原色织带

介绍4款可爱的花样织带,
稍加改变后还能变成各式饰品。
也可以拼接在衣领、下摆或是用作包装带,用途多样。

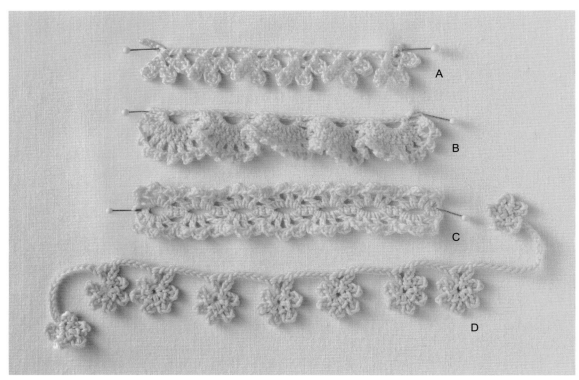

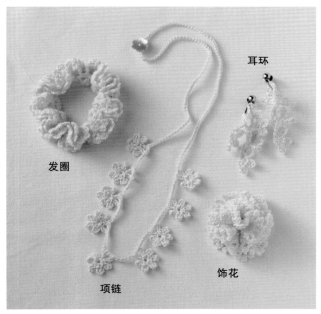

A. 将两根长短不同的织带拼接成耳环。
B. 一圈圈卷起来后变成康乃馨饰花。
C. 将橡皮筋从织片的孔中穿过,制成简单的发圈。
D. 两端钩织长长的锁针后就是可爱的项链。

钩织方法→P76、77
使用线→ A 棉线
　　　　 B、C、D 蕾丝线

三色发圈A、B、C

图片见P63
使用线和针：
棉线 A 淡蓝色……5g、原色……1g，B 粉色……5g、
原色……2g，C 米褐色……10g、焦茶色……2g
钩针6/0号
其他：
直径5cm的圆环橡皮筋……各1个

成品尺寸：参照图
钩织方法
A. 在圆环橡皮筋中钩织104针短针，再按照图示方法钩织5圈。
B. 按照A的方法钩织完5圈，钩织第2圈时不用在第1圈的短针中
挑针，然后在这些短针中钩织第2个的2圈短荷叶边。
C. 按照A的方法钩织5圈，钩织第2圈时不用在第1圈的短针中挑
针，然后在这些短针中钩织第2个的4圈荷叶边。

发圈

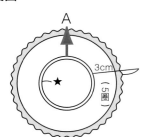

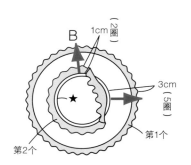

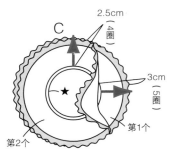

★ =在直径5cm的圆环橡皮筋
中钩织104针短针

A、B、C相同 基本织片

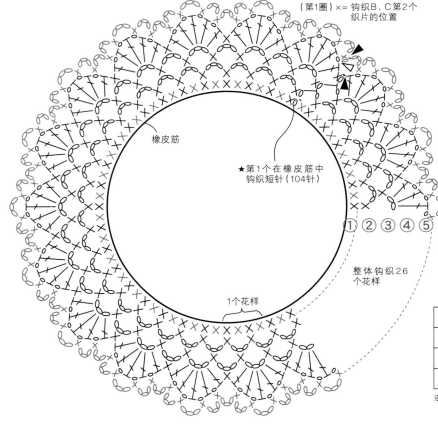

（第1圈）×= 钩织B、C第2个
织片的位置

橡皮筋

★第1个在橡皮筋中
钩织短针（104针）

① ② ③ ④ ⑤

整体钩织26
个花样

1个花样

基本织片的配色表

	第1~4圈	第5圈
A	淡蓝色	原色
B	粉色	原色
C	米褐色	焦茶色

※A是基本型

B中第2个的钩织方法

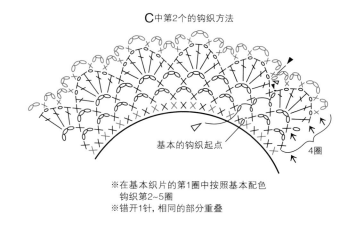

基本的钩织起点

※在基本织片的第1圈中用原色
色线钩织第2、3圈
※错开1针重叠

2圈

C中第2个的钩织方法

基本的钩织起点

※在基本织片的第1圈中按照基本配色
钩织第2~5圈
※错开1针，相同的部分重叠

4圈

在圆环橡皮筋中钩织的方法

线头

1 按照起针方法（参照P78）起针，然后将钩针暂时从起好的
针目中取出。钩针从橡皮筋的内侧插入，再穿入之前取出
的针目中，接着从橡皮筋的内侧引拔穿出。

2 针上挂线，按照箭头所示引拔钩织。引拔钩织完成后如右图所示。钩
织线头的同时在橡皮筋上继续钩织短针。

3针

3 将钩针从橡皮筋内侧插入，挂线后引拔抽出。再挂一次线，然后按照
箭头所示引拔钩织。引拔钩织完成后如右图所示。

4 钩织完3针后如图所示。最初的针目不算1针。

71

流苏迷你长巾（A） 图片见P61
象牙白的拼接领（B） 图片见P62

使用线和针：
棉线 A 胭脂红……50g，B 原色……15g 钩针2/0号

密度：
编织花样10cm×10cm内：每行28针，共15行

成品尺寸：
A 长74cm，宽21cm（含流苏） B 长47cm（不含绳带），宽6cm

钩织方法：
A 起209针锁针，钩织22行花样。然后在第22行的锁针上拼接流苏。

B 起133针锁针，钩织9行花样，从装饰花样处开始钩织绳带，再拼接到指定位置。

拼接领

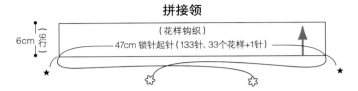

6cm（6行）

（花样钩织）
47cm 锁针起针（133针、33个花样+1针）

在★处拼接绳带

绳带 2根

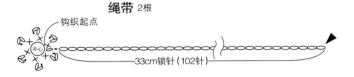

钩织起点
中心
33cm锁针（102针）

拼接领的花样钩织

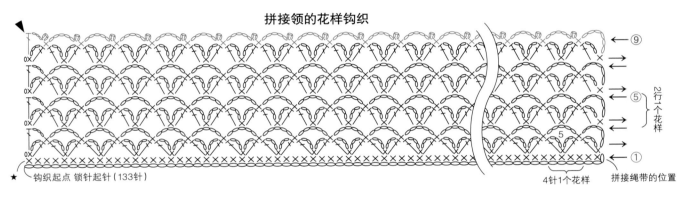

★ 钩织起点 锁针起针（133针）

⑨
⑤ 2行1个花样
①
5
4针1个花样
拼接绳带的位置

迷你长巾

6cm

15cm（22行）

流苏104束
流苏

（花样钩织）
74cm锁针起针（209针、52个花样+1针）

<流苏的组合方法>

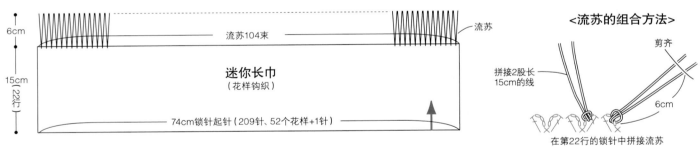

剪齐
拼接2股长15cm的线
6cm
在第22行的锁针中拼接流苏

迷你长巾的花样钩织

⑳
⑩
⑤ 2行1个花样
5
①
钩织起点 锁针起针（209针）
4针1个花样

金色迷你围巾（A） 图片见P64
花样链饰（B） 图片见P65

使用线和针：
棉线 A 金色……90g，B 粉色……30g
钩针4/0号
密度：
编织花样10cm×10cm内：每行31针，
共10.5行

成品尺寸：
A 长94cm，宽15cm
B 长135cm，宽2cm
钩织方法：
钩织花样时，在花样的方格中一边钩织花瓣，一边继续钩织。
A起46针锁针，钩织99行。B起364针锁针，钩织2行。

迷你围巾

的钩织方法

接着下面
的针目

钩织至↑处时立起1针锁针，然后将↑的尾针成
束挑起钩织1片花瓣，调转织片，再在下一行
针目的头针处钩织1片，右侧的长针尾针成束
挑起后钩织1片，上方的锁针成束挑起后钩织
1片，共计4片花瓣。接着在立起的锁针中引拔
钩织，之后继续钩织下一针。

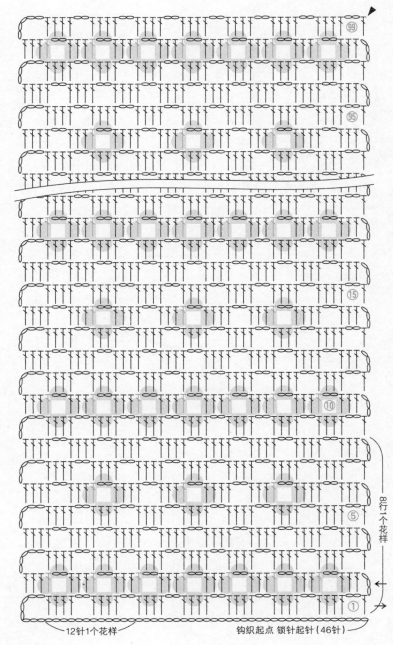

94cm（99行）

（花样钩织）

15cm
锁针起针
（46针）

99
95
15
10
5
1

8行1个花样

12针1个花样

钩织起点 锁针起针（46针）

链饰

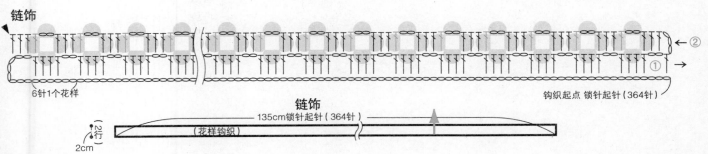

6针1个花样

钩织起点 锁针起针（364针）

②
①

链饰

135cm锁针起针（364针）
（花样钩织）

2行
2cm

织入花样的帽子的蝴蝶结

图片见P58

使用线和针：

棉毛线（粗）原色……15g

钩针6/0号

其他：

饰花别针……1个

成品尺寸：参照图

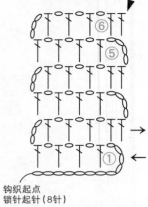

蝴蝶结中央

钩织起点
锁针起针（8针）

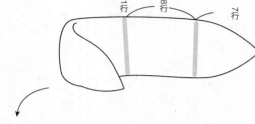

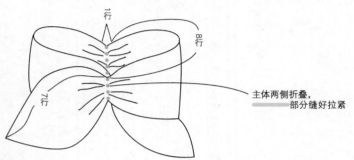

主体两侧折叠，
部分缝好拉紧

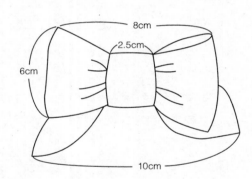

8cm

2.5cm

6cm

10cm

蝴蝶结主体

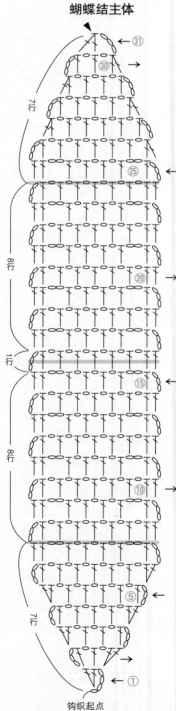

钩织起点

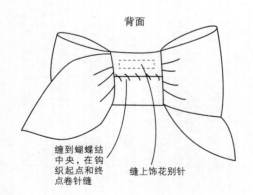

背面

缝到蝴蝶结
中央，在钩
织起点和终
点卷针缝

缝上饰花别针

74

饰花帽子A的饰花

图片见P55
使用线和针:
丝光棉线 原色……5g
钩针3/0号
其他:
饰花别针……1个
成品尺寸:
参照图

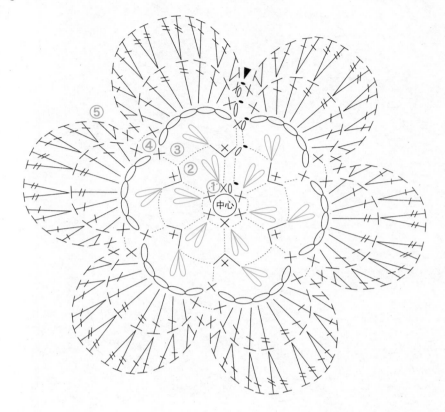

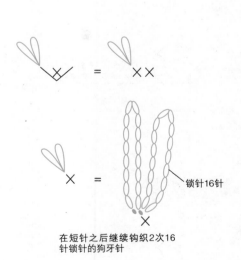

=

锁针16针

在短针之后继续钩织2次16
针锁针的狗牙针

将饰花别针缝到背面

6.5cm

A

图片见P69
使用线和针：
棉线 原色 基本部分用……少许（约10cm左右），耳环用……1g
蕾丝针0号
其他：
耳环金属配件……1对
成品尺寸：参照图

耳环的组合方法

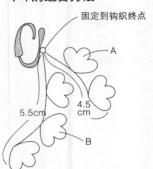

固定到钩织终点

5.5cm 4.5cm

A

B

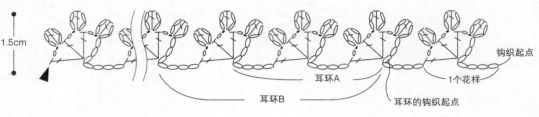

1.5cm

耳环A

耳环B

耳环的钩织起点

1个花样

钩织起点

B

图片见P69
使用线和针：
蕾丝线 原色 基本部分用……少许（约10cm左右），饰花用……3g
蕾丝针0号
成品尺寸：参照图

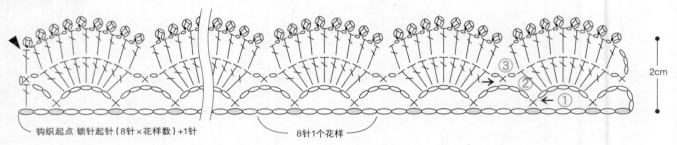

2cm

钩织起点 锁针起针（8针×花样数）+1针

8针1个花样

③ ② ①

饰花

2cm

30cm 锁针（121针、15个花样）

饰花

5cm

线从起针的 ⬭ 中穿过，
拉紧后整理成圆形

C

图片见P69
使用线和针:
蕾丝线 原色 基本部分用……少许 (约10cm左右),发圈用……4g
蕾丝针0号

其他: 橡皮筋20cm
成品尺寸: 参照图

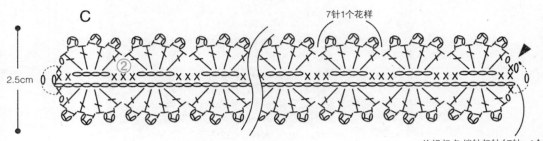

7针1个花样

2.5cm

钩织起点 锁针起针 (7针×1个花样)+1针

发圈上层

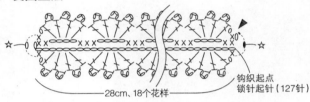

28cm、18个花样

钩织起点
锁针起针 (127针)

发圈下层 ※ ◯ 处比上一行多织1针

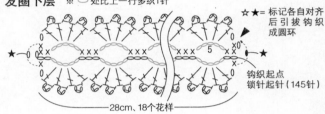

☆★=标记各自对齐
后引拔钩织
成圆环

钩织起点
锁针起针 (145针)

28cm、18个花样

发圈的组合方法

下层
上层

※ 上层、下层各自制作成圆环,
重叠后穿入橡皮筋

穿入橡皮筋的位置

发圈

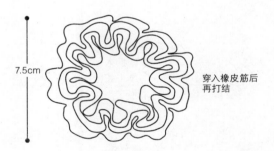

7.5cm

穿入橡皮筋后
再打结

项链的组合方法

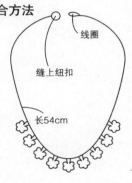

线圈
缝上纽扣
长54cm

D

图片见P69
使用线和针:
蕾丝线 原色 基本部分用……少许 (约10cm左右),项链……2g
钩针2/0号

其他:
直径1.2cm的纽扣……1颗
成品尺寸: 参照图

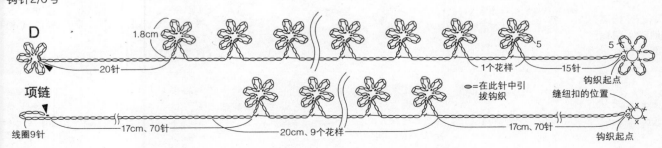

1.8cm

20针

1个花样

15针
钩织起点

5

5

项链

线圈9针

17cm、70针

20cm、9个花样

◯=在此针中引
拔钩织

17cm、70针

缝纽扣的位置
钩织起点

basic lesson
钩针编织的基础

记号图的看法

所有记号表示的都是编织物正面的状况。
钩针编织没有正面和反面的区别（拉针除外）。正反面交替进行平针编织时也用相同的记号表示。

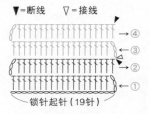

▼=断线　▽=接线

锁针起针（19针）

从中心开始环形钩织时

在中心编织圆圈（或是锁针），像画圆一样逐圈钩织。在每圈的起针处进行立针钩织。通常情况下是面对编织物的正面，从右到左看记号图进行钩织。

平针编织时

特点是左右两边都有立起的锁针。当右侧出现立起的锁针时，将织片的正面置于内侧，从右到左参照记号图进行钩织。当左侧出现立起的锁针时，将织片的反面置于内侧，从左到右看记号图进行钩织。图中所示为在第3行更换配色线的记号图。

锁针的看法

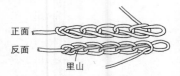

正面
反面
里山

里侧中央的一根线称为锁针的"里山"。锁针有正反面之分。

线和针的拿法

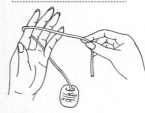

1 将线从左手的小指和无名指间穿过，绕过食指，线头拉到内侧。

2 用左手拇指和中指捏住线头，食指挑起，将线拉紧。

3 用右手拇指和食指握住针，中指轻放在针头。

起针的方法

1 针从线的外侧插入，掉转针头。

2 然后再在针上挂线。

3 将钩针从圆环中穿过，再在内侧引拔穿过线圈。

4 拉动线头，收紧针目，最初的起针完成。此针并不算作第1针。

起针

从中心开始环形钩织时（用线头制作圆环）

1 线在左手食指上绕2圈，环形编织。

2 圆环从手指上取下，钩针插入圆环中，再引拔抽出。

3 接着再在针上挂线，引拔抽出，钩织立起的锁针。

4 钩织第1圈时，将钩针插入圆环中，织入必要数目的短针。

5 暂时取出钩针，拉动最初圆环的线和线头，收紧线圈。

6 在第1圈末尾，将钩针插入最初短针的头部引拔钩织。

从中心开始环形钩织时（用锁针做圆环）

1 织入必要数目的锁针，然后把钩针插入最初锁针的半针中引拔钩织。

2 针上挂线后引拔抽出，钩织立起的锁针。

3 钩织第1圈时，将钩针插入圆环中心，然后将锁针成束挑起，再织入必要数目的短针。

4 在第1圈末尾，将钩针插入最初短针的头针中，挂线后引拔钩织。

平针编织时

1 织入必要数目的锁针和立起的锁针，在从头数的第2针锁针中插入钩针。

2 针上挂线后再引拔抽出线。

3 第1行钩织完成后如图所示（立起的1针锁针不算作1针）。

将上一行针目挑起的方法

在同一针目中钩织
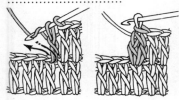

将锁针成束挑起后钩织
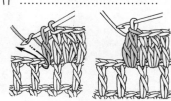

即便是同样的枣形针，不同的记号图挑针的方法也不相同。记号图的下方封闭时表示在上一行的同一针目中钩织，记号图的下方打开时表示将上一行的锁针成束挑起钩织。

针法符号

锁针

1 钩织最初的针目，按照箭头所示转动钩针。

2 针上挂线后从线圈中引拔出。

3 重复同样的动作。

4 钩织完5针锁针。

引拔针

1 将钩针插入上一行的针目中。

2 针上挂线。

3 一次性引拔抽出。

4 完成1针引拔针。

短针

1 将钩针插入上一行的针目中。

2 针上挂线，从内侧引拔穿过线圈。

3 再次在针上挂线，一次性引拔穿过2个线圈。

4 完成1针短针。

中长针

1 针上挂线后，插入上一行的针目中。

2 再次在针上挂线，从内侧引拔穿过线圈。

3 针上挂线，一次性引拔穿过3个线圈。

4 完成1针中长针。

长针

1 针上挂线后，插入上一行的针目中。然后再在针上挂线，从内侧引拔穿过线圈。

2 按照箭头所示，引拔穿过2个线圈。

3 再次在针上挂线，按照箭头所示，引拔穿过剩下的2个线圈。

4 完成1针长针。

长长针   3卷长针   *（ ）内为3卷长针的次数
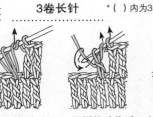

1 线在针上缠2圈（3圈）后，将钩针插入上一行的针目中，然后再在针上挂线，从内侧引拔穿过线圈。

2 按照箭头所示，引拔穿过2个线圈。

3 同样的动作重复2次（3次）。

4 完成1针长长针（3卷长针）。

短针2针并1针

1 按照箭头所示，将钩针插入上一行的1个针目中，引拔穿过线圈。

2 下一针也按照同样的方法引拔穿过线圈。

3 针上挂线，引拔穿过3个线圈。

4 短针2针并1针完成，比上一行少1针。

短针1针分2针   短针1针分3针

1 钩织1针短针。

2 将钩针插入同一针目中，引拔穿过线圈，再钩织短针。

3 钩织完短针1针分2针后如图所示。再在同一针目中钩织1针短针。

4 上一行的一个针目中织入了3针短针（呈加2针的状态）。

79

长针2针并1针

1 在上一行的针目中钩织1针未完成的长针，然后按照箭头所示，将钩针插入下一针目中，再引拔抽出。

2 针上挂线，引拔穿过2个线圈，钩织出第2针未完成的长针。

3 再次在针上挂线，一次性引拔穿过3个线圈。

4 长针2针并1针完成，比上一行少1针。

长针1针分2针

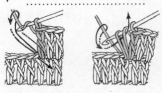

1 钩织完1针长针后，在同一针目中再钩织1针长针。

2 针上挂线，引拔穿过2个线圈。

3 再在针上挂线，引拔穿过剩下的2个线圈。

4 1个针目中织入了2针长针。比上一行加了1针。

短针的条纹针

1 看着每行的正面钩织。短针钩织成圆，然后在最初的针目中引拔钩织。

2 将钩织1针立起的锁针，将上一圈外侧的半针挑起，再钩织短针。

3 按照步骤2的要领，重复钩织短针。

4 上一圈内侧的半针形成条纹状。钩织完第3圈短针的条纹针后如图所示。

短针的菱形针

1 按照箭头所示，将钩针插入上一行针目外侧的半针中。

2 钩织短针，再按同样的方法将钩针插入下一针目外侧的半针中。

3 钩织至顶端，翻转织片。

4 按照步骤1、2的方法，将钩针插入外侧的半针中，再钩织短针。

锁针3针的狗牙拉针

1 钩织3针锁针。

2 钩针插入锁针的头半针和尾半针的一根线中。

3 针上挂线，按照箭头所示一次性引拔穿过线圈。

4 完成锁针3针的狗牙拉针。

长针3针的枣形针

1 在上一行的针目中，织一针未完成的长针。

2 在同一针目中插入钩针，再织入2针未完成的长针。

3 针上挂线，一次性引拔穿过4个线圈。

4 完成长针3针的枣形针。

长针的正拉针

1 针上挂线，按照箭头所示，从正面将钩针插入上一行长针的尾针中。

2 针上挂线，再将线拉长抽出。

3 再次在针上挂线，引拔穿过2个线圈。再按同样的动作重复1次。

4 完成长针的正拉针。

其他钩织基础索引